注塑模具
课程设计指导

张维合　陈国华　编著

ZHUSU MUJU
KECHENG
SHEJI ZHIDAO

U0231129

化学工业出版社
·北京·

内 容 简 介

本书系统讲述了注塑模具课程设计必须掌握的知识和技能。内容丰富实用、图文并茂，既有简单的理论指导，又有大量的实例参考。主要内容包括：注塑模具课程设计概论、注塑模具设计步骤及主要内容、注塑模具 2D 结构设计、注塑模具三维数字化设计、注塑模具课程设计说明书及其范例、塑料零件 30 例、注塑模具设计常用资料汇编。

实例内容配有视频讲解，用手机扫描附录中的二维码即可观看。

本书可作为高等院校模具设计与制造、材料成型及控制工程专业的课程设计教材，也可供相关行业的工程技术人员学习参考。

图书在版编目（CIP）数据

注塑模具课程设计指导/张维合，陈国华编著. —北京：化学工业出版社，2024.1
ISBN 978-7-122-45010-4

Ⅰ.①注… Ⅱ.①张… ②陈… Ⅲ.①注塑-塑料模具-课程设计-高等学校-教学参考资料 Ⅳ.①TQ320.66

中国国家版本馆 CIP 数据核字（2024）第 021683 号

责任编辑：贾　娜　　　　　　　文字编辑：张　宇　陈小滔
责任校对：王鹏飞　　　　　　　装帧设计：史利平

出版发行：化学工业出版社
　　　　　（北京市东城区青年湖南街 13 号　邮政编码 100011）
印　　装：北京新华印刷有限公司
787mm×1092mm　1/16　印张 15¾　字数 374 千字
2024 年 8 月北京第 1 版第 1 次印刷

购书咨询：010-64518888　　　　　售后服务：010-64518899
网　　址：http://www.cip.com.cn
凡购买本书，如有缺损质量问题，本社销售中心负责调换。

定　　价：89.00 元　　　　　　　　版权所有　违者必究

前言

　　注塑模具课程设计是模具设计与制造专业和材料成型及控制工程专业学生最重要的实践教学环节之一，是对学生知识掌握情况的一次全面训练和考察。注塑模具课程设计对于学生巩固和深化大学所学专业知识、提高注塑模具设计能力、培养良好的职业素养具有非常重要的意义。注塑模具课程设计之前，学生必须具备工程制图能力，熟悉互换性与技术测量相关知识，熟悉常用塑料和模具钢材的特性，掌握注塑模具常见结构及其设计要点，熟悉注塑模具的设计步骤，这样在注塑模具课程设计过程中才能得心应手，选用正确的模具结构，选择准确的模具材料，确定合理的尺寸数据、模具零件的表面粗糙度以及模具零件间的配合公差。

　　本书全面、系统地阐述了注塑模具 2D 结构设计及其 NX 三维设计的步骤和原则，详细介绍了 Auto CAD 和 NX 软件实操要点。为了使材料成型及控制工程专业和模具设计与制造专业学生尽快适应模具设计工作，本书在内容上注重介绍注塑模具设计过程中用到的实用知识和基本技能，如塑件结构及成型工艺分析、模具结构方案论证、分型面选择与成型零件设计、浇注系统设计、侧向抽芯机构设计、温度控制系统设计、排气系统设计、脱模系统设计、导向定位系统设计，对注塑模具各系统设计规范进行了详细阐述，力求突出科学性和实用性。

　　本书内容浅显易懂、图文并茂，既有理论指导，又有详细的模具设计实例解析，还有大量的注塑模具设计常用资料，是一本指导学生进行注塑模具设计的实用性和综合性教材，能够解决初学者不知如何进行模具设计、设计时不知如何查找资料的难题。全书共分 7 章，主要包括注塑模具课程设计概论、注塑模具设计步骤及主要内容、注塑模具 2D 结构设计、注塑模具三维数字化设计、注塑模具课程设计说明书及其范例、塑料零件 30 例和注塑模具设计常用资料汇编。

　　本书配有大量视频，读者只需用手机扫描附录中的二维码即可观看，能够帮助读者更好地理解和掌握注塑模具设计的重点和难点知识。

　　本书由广东科技学院张维合、东莞优胜模具职业培训学校陈国华编著。其中，第 1~3 章、第 5~7 章由张维合编写，第 4 章由陈国华编写。在本书编写过程中，得到了东莞长安优胜模具职业培训学校袁迈前、东莞市模人科技有限公司邓成林的大力支持和帮助，在此表示诚挚的感谢。

　　由于编者水平所限，书中不足之处在所难免，希望广大读者批评指正。有任何意见或建议，请发送至邮箱 allenzhang0628@126.com。

编著者

目录

第1章　概论　　　　　　　　　　　　　　　　　　　　1

1.1　注塑模具课程设计目的 ……………………………………… 1
1.2　注塑模具课程设计内容 ……………………………………… 1
1.3　课程设计的主要流程 ………………………………………… 3
1.4　课程设计说明书 ……………………………………………… 3
1.5　课程设计总结与答辩 ………………………………………… 4
　　1.5.1　课程设计总结 ………………………………………… 4
　　1.5.2　课程设计答辩 ………………………………………… 5
1.6　课程设计注意事项 …………………………………………… 5

第2章　注塑模具设计步骤及主要内容　　　　　　　　6

2.1　注塑模具设计基本要求 ……………………………………… 6
2.2　注塑模具设计一般步骤 ……………………………………… 7
　　2.2.1　接受任务书 …………………………………………… 8
　　2.2.2　收集、整理及消化原始资料 ………………………… 8
2.3　塑件结构分析 ………………………………………………… 10
2.4　模具结构分析 ………………………………………………… 11
　　2.4.1　选择成型设备 ………………………………………… 11
　　2.4.2　浇注系统分析 ………………………………………… 12
　　2.4.3　模架及成型零件分析 ………………………………… 13
　　2.4.4　侧向抽芯机构分析 …………………………………… 13
　　2.4.5　脱模系统分析 ………………………………………… 13
　　2.4.6　温度控制系统分析 …………………………………… 14
　　2.4.7　排气问题分析 ………………………………………… 14
　　2.4.8　模具加工分析 ………………………………………… 15
　　2.4.9　拟定模具结构方案 …………………………………… 15
2.5　绘制模具图 …………………………………………………… 16
　　2.5.1　模具装配图的作用 …………………………………… 16
　　2.5.2　模具装配图的内容 …………………………………… 16
　　2.5.3　绘制模具装配草图 …………………………………… 18
　　2.5.4　绘制模具装配图 ……………………………………… 18
　　2.5.5　模具装配图的选择与规定画法 ……………………… 19
　　2.5.6　模具装配图尺寸标注 ………………………………… 19

2.5.7　各种孔位及其代号 ………………………………………………………… 20

2.5.8　模具图中的技术要求 ……………………………………………………… 20

2.5.9　模具装配图中零件序号及其编排方法 …………………………………… 21

2.5.10　标题栏和明细栏的填写 …………………………………………………… 21

2.5.11　模具装配图绘制要求 ……………………………………………………… 21

2.5.12　模具图的习惯画法 ………………………………………………………… 22

2.5.13　绘制模具零件图 …………………………………………………………… 23

2.5.14　常见模具零件的尺寸标注 ………………………………………………… 24

2.5.15　模具零件图的绘制要求 …………………………………………………… 31

2.5.16　模具制造、试模与图纸修改 ……………………………………………… 31

2.6　注塑模具中的公差与配合 ……………………………………………………… 34

2.6.1　注塑模具装配图中常用的公差与配合 …………………………………… 34

2.6.2　注塑模具成型尺寸公差 …………………………………………………… 35

第3章　注塑模具 2D 结构设计　　38

3.1　鼠标面盖和底盖注塑模具设计 ………………………………………………… 38

3.1.1　塑件结构分析 ……………………………………………………………… 39

3.1.2　模具设计前的准备工作 …………………………………………………… 39

3.1.3　成型零件设计 ……………………………………………………………… 40

3.1.4　模架和浇注系统设计 ……………………………………………………… 41

3.1.5　脱模系统和温度控制系统设计 …………………………………………… 41

3.1.6　绘制定模排位图、设计导向定位系统 …………………………………… 42

3.1.7　排气系统设计、其他结构件设计、尺寸标注 …………………………… 43

3.2　机壳注塑模具设计 ……………………………………………………………… 45

3.2.1　塑件结构分析 ……………………………………………………………… 45

3.2.2　模具设计前的准备工作 …………………………………………………… 46

3.2.3　排位，确定内模镶件的大小 ……………………………………………… 46

3.2.4　侧向抽芯机构设计 ………………………………………………………… 46

3.2.5　模架设计 …………………………………………………………………… 47

3.2.6　设计浇注系统 ……………………………………………………………… 48

3.2.7　冷却系统设计 ……………………………………………………………… 49

3.2.8　脱模系统设计 ……………………………………………………………… 49

3.2.9　导向定位系统设计 ………………………………………………………… 49

3.2.10　排气系统设计 ……………………………………………………………… 49

3.2.11　其他结构件设计、尺寸标注等 …………………………………………… 49

3.2.12　机壳注塑模具装配图 ……………………………………………………… 50

3.2.13　机壳注塑模具工作过程 …………………………………………………… 50

第4章　注塑模具三维数字化设计　　53

4.1　NX 基本环境设置及燕秀外挂 ………………………………………………… 53

4.1.1　NX12 基本环境设置 ……………………………………………………… 53

4.1.2　燕秀 UG 模具外挂 ………………………………………………………… 55

4.2 两板模设计实例 ·· 56
    4.2.1 开模资料分析及产品处理 ·· 56
    4.2.2 分模 ·· 57
    4.2.3 模仁设计 ··· 63
    4.2.4 模架设计 ··· 69
    4.2.5 大水口浇注系统设计 ·· 70
    4.2.6 顶出（脱模）系统设计 ·· 74
    4.2.7 温控系统（冷却水）设计 ··· 76
    4.2.8 辅助系统设计 ·· 77
    4.2.9 模具图档整理 ·· 82

4.3 三板模设计实例 ·· 85
    4.3.1 开模资料分析及产品处理 ·· 85
    4.3.2 分模与模仁设计 ··· 86
    4.3.3 模架设计 ·· 101
    4.3.4 滑块（行位）设计 ··· 102
    4.3.5 斜顶设计 ·· 108
    4.3.6 定模（前模）内滑块（行位）设计 ································ 111
    4.3.7 浇注系统设计 ··· 114
    4.3.8 顶出系统设计 ··· 116
    4.3.9 冷却系统设计 ··· 120
    4.3.10 开模零件设计 ·· 123
    4.3.11 模脚、锁模片、对锁设计 ··· 124
    4.3.12 排气设计 ··· 126
    4.3.13 全 3D 装配图 ·· 129
    4.3.14 UG 工程图 ··· 130

第 5 章 注塑模具课程设计说明书及其范例   145

5.1 概述 ·· 145
5.2 实例 ·· 146

第 6 章 塑料零件 30 例   167

6.1 透明盖 ··· 167
6.2 电池门 ··· 167
6.3 读卡器外壳 ··· 168
6.4 齿轮凸轮 ·· 168
6.5 冰箱隔层 ·· 169
6.6 化妆盒盖 ·· 169
6.7 塑料积木 ·· 170
6.8 塑料瓶盖 ·· 170
6.9 塑料面罩 ·· 171
6.10 剃须刀电池盒 ·· 171
6.11 接插件 ·· 172

6.12　扫地机器人中心盖 ……………………………… 172

6.13　塑料外罩 ……………………………………………… 173

6.14　天线帽 ………………………………………………… 173

6.15　透析器盖 ……………………………………………… 174

6.16　塑料螺纹桶 …………………………………………… 174

6.17　塑料按键 ……………………………………………… 175

6.18　喇叭罩 ………………………………………………… 175

6.19　塑料方盖 ……………………………………………… 176

6.20　香水瓶瓶肩 …………………………………………… 176

6.21　圆珠笔按钮 …………………………………………… 177

6.22　游戏机中盖 …………………………………………… 177

6.23　遥控器面盖 …………………………………………… 178

6.24　工业一体机手柄 ……………………………………… 178

6.25　动画游戏机面盖 ……………………………………… 179

6.26　塑料桶 ………………………………………………… 179

6.27　汽车门扣 ……………………………………………… 180

6.28　珠宝盒上盖 …………………………………………… 180

6.29　迷你扇叶 ……………………………………………… 181

6.30　塑料三通管 …………………………………………… 181

第 7 章　注塑模具设计常用资料汇编　182

7.1　塑料代号及中英文对照 ………………………………… 182

7.2　常用塑料特性及成型条件 ……………………………… 183

7.3　模塑件尺寸公差 ………………………………………… 186

7.4　模具设计制图标准 ……………………………………… 188

　　7.4.1　模具设计图中常用线条 ……………………… 188

　　7.4.2　模具设计图纸比例 …………………………… 188

　　7.4.3　模具设计视图投影方法 ……………………… 189

　　7.4.4　模具图绘制 …………………………………… 190

　　7.4.5　注塑模具设计有关标准 ……………………… 191

7.5　模具设计的一般流程 …………………………………… 193

7.6　注塑模具装配图视图摆放方式 ………………………… 194

7.7　内六角紧固螺钉设计 …………………………………… 195

7.8　注塑模具中弹簧及其选用 ……………………………… 196

　　7.8.1　推杆板复位弹簧 ……………………………… 196

　　7.8.2　侧向抽芯机构中的滑块定位弹簧设计 ……… 198

　　7.8.3　活动板之间的弹簧 …………………………… 199

　　7.8.4　弹簧的规格 …………………………………… 199

7.9　定距分型机构设计资料 ………………………………… 201

7.10　注塑模具装配图中零件常用的公差与配合 ………… 202

　　7.10.1　模具装配图上各零件配合公差及应用 …… 202

7.10.2　尺寸标准公差数值 ···　202

7.10.3　轴的基本偏差数值 ···　204

7.10.4　孔的基本偏差数值 ···　206

7.10.5　基孔制和基轴制优先和常用配合 ·····································　208

7.10.6　注塑模具图中形状和位置公差 ···　209

7.11　表面粗糙度数值的选择 ···　218

7.12　模具斜度与蚀纹关系对照表 ···　220

7.13　注塑模具常用钢材及其性能 ···　221

7.14　注塑机的选用 ···　225

7.15　公、英制对照表 ···　230

7.16　模具术语对照表 ···　230

7.17　模具术语中英文对照表 ···　231

附录　实例内容视频演示　　　　　　　　　　　　　　　　　　　**234**

参考文献　　　　　　　　　　　　　　　　　　　　　　　　　　**239**

第 1 章

概论

1.1　注塑模具课程设计目的

注塑模具课程设计之前，学生已经学习了"机械制图""模具 CAD""互换性与技术测量""模具制造工艺学""模具材料及热处理""UG 软件应用"和"塑件成型工艺及模具设计"等基础课程和专业课程，进行过金工实习、模具拆装和生产实习等实践教学，初步了解了塑件的成型工艺和生产过程，熟悉了多种塑料模具的典型结构。

注塑模具课程设计紧接"塑料成型工艺及模具设计"课程之后，要求学生利用"塑料成型工艺及模具设计"课程所学知识，自己动手独立设计一副中等难度的注塑模，对于学生来说是一次比较全面的塑料模具设计训练。注塑模具课程设计有以下四点目的。

（1）综合应用并巩固和提高先修课程的知识

通过设计一副中等难度的注塑模具，学生将具备综合运用先修专业知识的能力，学会应用基础课程和专业课程的基本知识和方法来解决注塑模具设计过程中的具体问题，以进一步巩固和提高所学课程的知识。

（2）培养注塑模具设计的能力

通过塑件成型工艺分析、分型面及浇注系统的确定、注塑模设计的方案论证、成型零件设计计算、注塑模结构设计、排气系统设计、侧向抽芯机构设计、脱模系统设计和导向定位系统设计等课程设计项目，学生可以掌握一般注塑模具设计的内容、步骤和方法，基本掌握注塑模具设计的一般规律，同时可以培养学生查阅有关标准和规范以及编写设计计算说明书的能力，以及分析问题和解决问题的能力。

（3）为毕业设计和顶岗实习打下良好基础

通过计算，绘图和运用技术标准、规范、设计手册等有关设计资料，进行注塑模具设计的全面基本技能训练，为毕业设计和顶岗实习打下一个良好的实践基础。

（4）培养从事注塑模具设计的基本职业素养

学生通过正确运用技术标准和资料，培养认真负责、踏实细致的工作作风和严谨的科学态度，强化质量意识和时间观念，为毕业后从事注塑模具设计培养基本的职业素养。

1.2　注塑模具课程设计内容

塑料模具课程设计的内容，一般是选择比较适当的中等复杂程度的塑件，设计一副注塑模具，并要求学生在规定的时间内完成。注塑模具课程设计一般以任务书的形式下达，学生必须绘制注塑模具装配图、主要模具零件的零件图以及撰写一份不少于 3000 字的注塑模具课程设计说明书，最后还要进行课程设计答辩。

（1）课程设计任务书

注塑模具课程设计题目一般来源于生产第一线，难度中等，可满足教学要求和生产实际的要求。

任务书中成型塑件图形必须清晰，精度等级和技术要求说明齐全，提供详细的塑件材料、生产批量、现有设备等技术信息。

（2）课程设计要求

课程设计的要求主要有以下几个方面：

① 合理地选择模具结构。根据塑件的结构及技术要求，研究和选择适当的成型方法与设备，结合工厂的机械加工能力，提出模具结构方案，充分征求有关方面的意见，进行分析讨论，以使设计出的模具结构合理、制造方便、使用安全。必要时可根据模具设计和加工的需要，提出修改塑件图纸的要求，但任何修改都需征得客户或产品设计工程师同意，并由客户或产品设计工程师出具书面修改文件后方可实施。

② 正确地确定模具成型零件的材料、结构、尺寸大小和精度。顾名思义，成型零件是确定制件形状、尺寸和表面质量的模具零件，其成型尺寸精度、材料、热处理以及表面粗糙度直接决定成型塑件的精度和模具寿命。计算成型零件尺寸时，一般可采用平均收缩率法。对于精度较高并需要控制修模余量的制件，可按公差带法计算。对于大型精密制件，最好能用类比法，实测塑件几何形状在不同方向上的收缩率进行计算，以弥补理论上难以考虑到的某些因素的影响。

③ 设计的注塑模具应当便于制造。设计的注塑模具的最低要求是必须制造得出来，最高境界是要求以最低的成本制造出来。对于那些大型或复杂的成型零件，必须优先考虑镶拼结构，尽量采用一般的机械加工方法加工，避免采用特种加工方法加工。若采用特种加工方法，那么类似加工之后怎样进行组装等问题在设计模具时均应考虑，并要有解决方案。注塑模具是一个长寿命的生产工具，必须考虑生产过程中的维修保养。

④ 充分考虑塑件设计特色，尽量减少后加工。尽量用模具成型出符合塑件设计特点的制件，包括孔、槽、凸、凹等部分，减少浇口、溢边的尺寸，避免不必要的后加工。但同时应将模具设计与制造的可行性与经济性综合考虑，防止片面性。

⑤ 模具零件应耐磨耐用。模具零件的耐用度影响整个模具的使用寿命，因此在设计这类零件时应对其材料、加工方法、热处理等提出必要的要求。模具是长寿命生产工具，模具零件的寿命应与模具相适应，像推杆一类的活动圆柱零件容易卡住、弯曲、折断，因此而造成的故障占模具故障的大部分，模具设计时必须考虑如何方便地调整与更换零件。

⑥ 设计的模具应当效率高、安全可靠。这一要求涉及模具设计的许多方面，如浇注系统需充模快、闭模快，温度调节系统效果好，脱模机构灵活、安全、可靠，能进行自动化操作，等等。

⑦ 模具结构要适应塑料的成型特性。在设计模具时，要充分了解所用塑料的成型特性，并尽量满足要求。对于热敏性塑料，模具成型零件必须采用不锈钢，如 S136、PAK90 等；对于透明塑料，必须采用组织细密的模具钢材，如 S136、NAK80 等。

考虑到课程设计的时间限制，课程设计主要完成以下任务：

① 绘制模具总装图。

② 绘制主要模具零件图 3～4 张，如塑件图、成型零件图、模具型腔图、模具型芯图及侧向抽芯机构主要零件图等。

③ 撰写不少于 3000 字的注塑模具课程设计说明书 1 份，并装订成册。

1.3 课程设计的主要流程

课程设计的主要流程见表 1-1。

表 1-1 课程设计的主要流程

序号	阶段	主要内容	工作量
1	设计前的准备工作	了解设计任务书原始数据、工作条件及设计要求，明确设计任务。通过查阅有关设计资料和现场参观等实现对设计对象的性能结构及工艺有比较全面的认识和了解。准备好设计所需的资料、绘图用软件等	5%
2	塑料成型工艺分析	塑件的原材料成型工艺分析：塑料的流动性分析、热敏性分析、收缩率确定、是否透明等	5%
3	塑件结构分析	塑件最大尺寸、结构工艺性分析，估算塑件的体积和质量，初选注射机	5%
4	确定模架型号	确定型腔数量和分型面，选择合理的浇注系统并进行模流分析，从而确定是采用二板模还是三板模	5%
5	确定模具总体结构设计方案	确定型腔布局、成型零件的结构及其固定方式，确定推出机构，确定抽芯机构，设计论证冷却系统，绘制模具结构草图	10%
6	有关尺寸计算	主要零、部件的设计计算，成型零件的成型尺寸计算，模具主要尺寸的确定，侧向抽芯机构的设计计算，脱模机构的设计计算，成型设备的校核计算	10%
7	绘制装配图	绘制定模排位图、动模排位图、主要的剖视图、局部放大图等装配图，标注主要外形尺寸和尺寸公差，标注零件序号，填写标题栏、零件明细表及技术要求等	30%
8	绘制主要零件图	绘出主要的零件视图和剖面图，标注尺寸、公差及表面粗糙度，编写技术要求、零件明细表及标题栏	10%
9	撰写课程设计说明书	要求内容完整，论述科学，数据、材料选用准确，模具结构新颖、实用、合理，附上必要的插图和说明	10%
10	设计总结及答辩	对模具设计过程中的得失进行总结，对模具结构的创新性和实用性进行归纳，就模具设计过程中数据、材料选用的准确性进行说明，并回答老师提问	10%

1.4 课程设计说明书

对于课程设计来说，说明书是反映设计思想、设计方法以及设计结果等的主要文件，是评判课程设计质量的重要资料。课程设计说明书是审核设计是否合理的技术文件之一，主要在于说明选题的合理性，设计的正确性，数据、材料选用的准确性，模具结构的创新性、新颖性和实用性，故不必写出全部分析、运算和修改过程，但要求内容完整，论述科学，分析方法正确，计算过程完整，图形绘制规范，语句叙述通顺。

设计计算说明书作为产品设计的重要技术文件之一，是图样设计的基础和理论依据，也是进行设计审核、教师评分的依据。

从课程设计开始，设计者就应随时逐项记录设计内容、计算结果、分析见解和资料来源。每一设计阶段结束后，随即整理、编写出有关部分的说明书，等课程设计结束时，再归纳、整理、编写正式的设计计算说明书。编写设计计算说明书时应注意：

① 设计计算说明书应按内容顺序列出标题，做到层次清楚、重点突出。计算过程中列出计算公式，代入有关数据，写出计算结果，标明单位，并写出根据计算结果所得出的结论或说明。

② 引用的计算公式或数据要注明来源，主要参数尺寸、规格和计算结果可在每页右侧计算结果栏中列出。

③ 为清楚地说明计算内容，设计计算说明书中应附有必要的简图，如总体设计方案图、零件工作简图、受力图等。

④ 设计计算说明书要用钢笔或用计算机按规定格式书写或打印在 A4 纸上，按目录编写内容、标出页码，然后左侧装订成册。

1.5　课程设计总结与答辩

总结和答辩是课程设计过程中的最后一个环节。通过总结和答辩，可以帮助设计者进一步掌握塑料模具的设计方法，提高分析和解决实际问题的能力。

1.5.1　课程设计总结

课程设计总结主要包括对设计结果的分析和对设计工作的小结。

（1）对设计结果的分析

尽管在课程设计的每一阶段中都应进行设计结果的分析，但是最后对设计结果进行总结性分析也是非常重要的。

设计结果的分析，具有总结性和全面性的意义，因此，分析时应重新以设计任务书的要求为依据，评价自己的设计结果是否满足设计任务书的要求，全面地分析所做设计的优缺点。在对设计结果进行分析时，应着重分析设计方案的合理性、设计计算及结构设计的正确性，因此，设计者应认真检查和分析自己设计的塑料模具装配工作图、主要零件的零件工作图以及计算说明书等设计作业。

对于装配图，应着重检查和分析成型零件、推出机构和抽芯机构的设计在结构、工艺性、机械制图等方面存在的错误；对于零件工作图，应着重检查和分析尺寸及公差标注方面的错误；对于设计计算说明书，应着重检查和分析计算依据、计算结果是否准确可靠。

由于是初次进行设计，出现某些不合理的设计和错误是正常的。但是，在设计总结中，应该对不合理的设计和错误做进一步分析，并提出改进性的设想，从而使自己的设计能力得到提高。

（2）对设计工作的小结

对设计工作进行小结，也是一个总结和提高的过程。撰写设计工作小结时，建议从以下几个方面进行思考。

① 通过课程设计，自己在哪些设计能力方面有明显的变化？哪些方面还需进一步提高？

② 通过课程设计，自己掌握了哪些设计方法和技巧？

③ 分析自己的设计结果，认为有哪些设计的优点和缺点？对于缺点应该如何改进？

④ 在今后的设计中，自己应该注意哪些问题才能提高设计的质量？

1.5.2　课程设计答辩

学生在老师指导下，完成全部设计工作量之后，必须整理好全部设计图纸及课程设计说明书，将图纸折叠整齐，说明书装订成册，与图纸一起装袋，呈交指导老师审阅，然后根据教研室统一安排，进行课程设计答辩。

课程设计答辩是课程设计的重要组成部分。它不仅是为了考核和评估设计者的设计能力、设计质量与设计水平，而且通过总结与答辩，可使设计者对自己的设计工作和设计结果进行一次较全面、系统的回顾、分析和总结，从而达到"知其然"也"知其所以然"的目的，是一次知识与能力进一步提高的过程。因此，每位学生必须精心准备、认真对待课程设计答辩。

课程设计答辩结束后，指导教师根据学生的设计图纸和设计计算说明书的质量以及学生在课程设计中各个阶段的情况，综合评估并确定学生的课程设计成绩。

1.6　课程设计注意事项

（1）正确处理继承和创新的关系

要求学生在教师的指导下独立完成课程设计。在设计过程中，既要继承或借鉴前人的设计经验，又不能盲目地全盘照搬。正确的途径应该是在充分理解现有设计成果的基础上，根据具体的设计条件和要求，发挥自己的独立思考能力，大胆地进行改进和创新。实践证明，只有这样，才能使课程设计达到满意的效果。

（2）学会应用"三边"设计方法

由于课程设计过程中的各个阶段是既相互关联而又彼此制约的，因此，往往本阶段发现的问题，牵扯到需要对前面的设计和计算做相应的修改，甚至有的结构和具体尺寸要通过绘图或由经验公式计算才能确定。因而，在设计过程中采用边计算、边绘图、边修改的"三边"设计方法不仅是十分必要的，而且也是符合循序渐进和交叉反馈并行的认识规律的。那种认为只有待全部的理论计算结束和所有的具体结构尺寸确定后才能开始绘图的观点是完全错误的。

（3）尽量采用标准件

设计中贯彻标准化的设计思想，以保证互换性、降低成本、缩短设计周期，是模具设计中应遵循的原则之一，也是设计质量的一项评价指标。在课程设计中应熟悉和正确采用各种有关技术标准与规范，尽量采用标准件，并应注意一些尺寸需圆整为标准尺寸。同时，设计中应减少材料的品种和标准件的规格。

（4）注重和提高工作效率

注重并不断提高工作效率有利于培养良好的工作作风，为此，首先应从思想上引起足够的重视，并在教师的指导下逐步学会合理安排时间，以避免发生前松后紧或顾此失彼的现象。同时，在设计过程中也必须采取一切有利于提高工作效率的措施，如事先制订好切实可行的工作计划，经常查阅有关设计资料和标准；在草稿本上写下编写设计计算说明书时所必需的计算过程及有关数据或标准的来源，且各行之间还应留有一定的间隔，以适应修改或调整设计计算结果的需要。

第2章

注塑模具设计步骤及主要内容

2.1 注塑模具设计基本要求

注塑模具设计的基本要求可概括为以下几方面。

（1）模具零件及装配能满足制造工艺要求。

衡量注塑模具设计好坏的标准通常有四条：

① 模具制造符合制造工艺，即做得出来；

② 模具制造成本更低、时间更短；

③ 能成型合格的塑件；

④ 注射周期更短。

模具结构必须使模具装拆方便，零件的大小和结构必须符合机床的加工工艺要求，做到以最低的成本生产出符合要求的模具。

（2）保证塑件的质量及尺寸稳定性

塑件的质量包括外观质量和内部质量，优良的外观质量包括完整而清晰的结构形状，符合要求的表面粗糙度（包括蚀纹和喷砂等），没有熔接痕、银纹、振纹及黑点（黑斑）等注塑缺陷。优良的内部质量包括不能存在组织疏松、气泡及烁斑等注塑缺陷。

塑件的尺寸精度稳定性取决于模具的制造精度、模具设计的合理性和注射工艺参数。而塑件的尺寸稳定性通常只取决于后面两种因素，塑件的尺寸稳定性不好，通常是收缩率波动造成的。要控制塑件的收缩率不但要有恰当而稳定的注射工艺参数，在模具设计方面更要做到以下几点：

① 要有良好的温度调节系统，将模具各部位的温度控制在一个合理的范围内；

② 在多腔注塑模中，排位要努力使模具达到温度平衡和压力平衡；

③ 要根据塑件的结构和尺寸大小选择合理的浇注系统。

（3）模具生产时安全可靠

模具是高频率生产的一种工具，在每一次生产过程中，其动作都必须正确协调、稳定可靠。保证模具安全可靠的机构包括：

① 三板模中的定距分型机构；

② 侧向抽芯机构；

③ 推件固定板的先复位机构；

④ 内螺纹脱模机构中的传动机构和塑件的防转机构；

⑤ 二次推出机构。

（4）满足大批量生产的要求

模具的特点就是能够反复地、大批量地生产同样一个或数个塑件，其寿命通常要求几十万次、数百万次甚至上千万次。要做到这一点，在模具设计时必须注意以下几点：

① 模架必须有足够的强度和刚度；

② 内模镶件材料必须有足够的硬度和耐磨性；

③ 模具必须有良好的温度控制系统，以缩短模具的注射周期；

④ 模具的导向定位系统必须安全、稳定、可靠。

（5）便于维修保养

模具的寿命很高，为方便以后维修，模具在设计时需要做到以下几点：

① 对易损坏的镶件做成组合镶拼的形式，以方便损坏后更换；

② 侧向抽芯的方向应优先选择两侧；

③ 冷却水要通过模架进入内模镶件；

④ 斜推杆不应直接在推件固定板上滑动；

⑤ 滑块上的压块做成组合式压块；

⑥ 三板模中的定距分型机构优先采用外置式。

2.2 注塑模具设计一般步骤

注塑模具设计的一般步骤见表 2-1。

表 2-1 注塑模具设计的一般步骤

步骤	名称	主要内容	备注
1	接受任务	①分模表(tool plan)：客户名称、模具编号、型腔数量、塑料品种、颜色(是否透明)；②图纸：2D平面图、3D立体图	任务安排
2	制品结构分析	①壁厚分析；②脱模斜度分析；③有无侧向凹凸；④进料位置及浇口数量；⑤有无不合理结构	资料消化分析
3	模具结构分析	①模架规格型号；②是否有侧向抽芯；③浇口的形式；④推出方式；⑤导向定位形式；⑥有无困气处	模具结构评审
4	准备工作	①建立存放图档；②建立不同图层；③将产品图缩放到1：1；④尺寸加收缩率；⑤将产品图镜射	
5	成型零件设计 模架设计	①内模镶件设计；②侧向抽芯机构设计；③排气系统设计；④确定模架大小	保证模具 强度和刚度
6	浇注系统设计	①浇口设计；②分流道设计；③主流道设计；④冷料穴设计	保证进料平衡 和塑件质量
7	冷却系统设计 推出系统设计	①先设计必要的脱模零件(在必须加推出零件的地方加上推件)；②冷却系统设计；③设计其他脱模零件(有些脱模零件的大小和位置有一定的灵活性，可以最后设计)	保证周期最短 和顶出平衡
8	导向定位系统设计	①导柱、导套设计；②边锁、锥面定位和内模镶件管位设计	保证模具精 度和寿命
9	其他结构件设计	①定距分型机构设计；②复位弹簧设计；③撑柱设计；④先复位机构设计；⑤连接螺钉设计；⑥限位零件设计；⑦定位圈设计；等等	保证购置方便

续表

步骤	名称	主要内容	备注
10	尺寸标注及零件序号	①排位图采用坐标标注法,剖视图采用线性标注法;②按顺时针标注零件序号	保证正确、完整和清晰
11	文字说明	①插入图框;②填写标题栏、明细表;③撰写技术要求	保证简单明了
12	校核审批		必须有完整的签名和日期

以上设计步骤只是模具设计过程中考虑问题和画图的一般顺序和基本要求,在实际工作中根据模具的特殊性,可能并非全部按此顺序进行,并且设计中经常要再返回上一步或上几步对已设计的内容进行修正,直至最终设计定稿。

2.2.1　接受任务书

模具设计任务书通常由塑料制件工艺员根据成型塑料制件任务书提出,经主管领导批准后下达。模具设计人员以模具设计任务书为依据进行模具设计。其内容应包括:

① 分模表(又称 tool plan):从分模表中可以知道客户名称、模具数量、模具名称、模具编号、每副模具成型哪几个塑件、型腔数量、用什么塑料、塑件颜色等;

② 经过审签的成型塑件的 2D 和 3D 图纸;

③ 成型塑件的说明书或技术要求和生产数量;

④ 模具排期(又称 millstone):排期中有模具设计、模具制造各阶段的日期以及试模日期。

2.2.2　收集、整理及消化原始资料

模具图纸主要是根据客户提供的资料,考虑加工因素而设计出来的。客户提供的资料对于模具设计起很大的指导性作用,设计出来的模具图纸一定要符合客户的要求(或经过客户批核),否则,设计出来的模具图纸是不合格或无效的。客户提供的资料主要包括以下四个方面。

(1)总体要求

① 产品批量。了解产品的批量对确定模具的大小厚度、导向定位、材料、型腔数量、冷却系统设计等都有很大的影响。

② 产品销往哪一个国家。每个国家的安全标准不同,产品销往不同的国家,执行标准也有一定的差异。

③ 模具是否要进行全自动化生产。模具是安装在注塑机上生产的,模具的大小必须和注塑机相匹配。模具若要采用全自动化生产,则塑件的推出距离必须足够,推出必须安全可靠。

④ 包装要求。

⑤ 注塑机型号。其主要包含以下参数:

a. 容模量——注塑机拉杆(即格林柱)的位置、大小及允许模具最大/最小闭合高度;

b. 喷嘴参数——喷嘴球面直径、喷嘴孔径、喷嘴外径、喷嘴最大伸出长度、定位孔径;

c. 模具装配参数——锁模孔、锁模槽尺寸;

d. 开模行程及动、定模板最大间距;

e. 顶出机构——顶出点位置和顶出直径，必要时，还需提供顶出力及顶出行程；

f. 最大注射量；

g. 最大锁模力。

（2）塑件要求

① 塑件图包括装配图和零件图，平面图和立体图等。从塑件图中可以了解模具的大致结构和大小。

② 塑件的外观和尺寸精度要求：

a. 外观和尺寸都要求很高；

b. 尺寸要求很高，外观要求一般；

c. 尺寸要求一般，外观要求较高。

③ 塑件的颜色及材料：

a. 塑料是否有腐蚀性；

b. 塑料的收缩率和流动性；

c. 塑件是否透明。

④ 塑件表面是否有特别要求。塑件表面的特别要求包括：

a. 是否存在不允许有脱模斜度的外侧面；

b. 型腔表面粗糙度要求：一般抛光还是镜面抛光；是否要蚀纹；是否要喷砂；可否留火花纹；等等。不同的粗糙度对脱模斜度的要求是不同的。

⑤ 该塑件在产品中的装配位置。如果塑件装在产品的外面，则在设计推杆、浇口位置及确定镶件的组合结构时，就必须格外小心，尽量不要影响外观。

⑥ 塑件是否存在过大的壁厚。过大的壁厚会给模具的设计和生产带来麻烦，若能改良，则可以降低生产成本。但产品的任何更改，都必须征得客户或产品工程师的同意。

⑦ 塑件是否存在过高的尺寸精度。过高的尺寸精度会增加模具的制造和注射成本，有时甚至根本就做不到，因为塑件的尺寸精度不但取决于模具制造精度，还取决于塑件的收缩率，而收缩率又主要取决于注射成型时各工艺参数的选取和稳定性。

⑧ 塑件是否有嵌件。若有嵌件，则必须考虑其安装、定位、防转及加热。

⑨ 塑件成型后是否有后处理工序。后处理工序包括镀铬、二次注射、退火和调湿等。若有后处理工序则应考虑是否要用辅助流道。

（3）模具要求

① 分模表。从分模表中可以知道模具的名称、编号，模具的腔数，所用的塑料种类、颜色，是否需要表面处理以及其他注意事项。

② 模具寿命及成型周期。

③ 模具型号是二板模还是三板模，是工字模还是直身模？

④ 标准件的选用。

⑤ 操作方式是手动、半自动还是全自动？

⑥ 浇口形式和位置。

⑦ 分型线的定义。

⑧ 顶出位置和顶出方式。

⑨ 侧向抽芯机构的抽芯动力是开模力、液压力还是弹簧的弹力？

⑩ 温度控制系统的设计中是否要有加热系统？

⑪ 模具材料及热处理。

（4）加工因素

加工因素包括加工工艺、加工精度、加工时间、加工成本，这四者的关系是相互制约的。在考虑加工因素时，应按以下顺序来考虑：加工时间→加工精度→加工成本→加工工艺。

2.3 塑件结构分析

塑件结构决定了模具的结构。设计模具之前，必须认真研究并详细分析塑件的结构和技术要求。

（1）成型塑件外形尺寸

成型塑件最大外形尺寸是多少？是大型塑件、中型塑件还是小型塑件？

（2）成型塑件壁厚

成型塑件最大壁厚、最小壁厚和平均壁厚是多少？有没有太厚或太薄的壁厚？

（3）了解塑料的相关情况

如：名称、生产厂家、等级、成型收缩率、流动性、热敏性、对模温的要求、成型条件等。

（4）排气方法

如有困气处，如何排气？

（5）成型方法选择

采用何种成型方法？

（6）成型工艺分析

① 塑件外表面成型于动模还是定模？

② 分型面、插穿面、碰穿面是否理想？插穿面的斜度（最好是 $3°\sim10°$）是否足够？

③ 塑件表面的分型线能否令客户接受？

（7）塑件结构分析

① 塑件是否严重不对称？如何克服因塑件严重不对称而导致的变形？

② 塑件局部较厚时其收缩痕迹如何克服？

③ 加强筋与壁厚的比例是否合理？

④ 自攻螺柱根部壁厚是否过大？如果过大，如何解决？

⑤ 塑件局部是否会因热量过于集中、不易冷却而导致表面出现收缩凹陷？凹陷会出现在哪一侧？是否有解决办法与对策？

⑥ 壁厚是否合理？

（8）进料分析

① 如何选择浇口的形式、数量、位置、尺寸等？如何做到进料平衡？

② 所采用的浇口形式是否会造成流痕、蛇纹或在浇口附近产生色泽不均（如模糊、雾状等）等现象？如何避免？

③ 如果塑件存在壁厚不均，进料理想方式是由厚入薄。

④ 是否有必要增加辅助流道？

⑤ 是否有必要设置溢料槽？

⑥ 随着辅助流道、冷料穴的设置，是否会对塑件表面的外观和色泽造成不良影响（如

阴影、雾状和切断浇口后留下痕迹等)？

⑦ 分析熔接痕出现的位置，尽量使熔接痕形成于不受力或不重要的表面。在熔接痕附近宜开设排气槽或冷料穴。

⑧ 浇口位置的选定是否会造成塑件的变形？

⑨ 塑件若存在格子孔，是否有必要在格子孔之后设置辅助流道或透气式镶件？

⑩ 在熔体流动难以确定的情况下要进行模流分析。

（9）侧向凹凸结构分析

① 塑件侧向凹凸在哪一侧？可否进行结构改良而不用侧向抽芯机构？

② 塑件是否会被侧向抽芯拉出变形？如有可能的话有何对策？有无必要在侧向抽芯机构内加推杆或采用延时抽芯？

③ 斜推杆推出时是否会碰到塑件的其他结构（如加强筋、自攻空心螺柱、弧形部分，特别是模具型芯）？如何避免？

（10）脱模分析

① 脱模斜度是否足够？推出有没有问题？塑件图上有无特别要求的脱模斜度？是否有必要向客户要求加大脱模斜度？动、定模两侧的包紧力哪一侧较大？是否肯定塑件会留于有推出机构的一侧？若不能肯定，有何对策？

② 对于透明塑件（如 PMMA、PS 等）或侧壁蚀纹的塑件，其脱模斜度能否做大一点？

③ 大型深腔塑件，推出时是否会产生真空？有何对策？是否需要采用气动推出？

④ 为了防止脱模时塑件被划伤，脱模斜度越大越好，但随着脱模斜度的增加，是否会造成收缩凹痕或收缩变形？

⑤ 客户对推出系统是否有特别规定（如方式、大小、位置、数量等）？

⑥ 透明塑件有无特别注意其推出位置？

⑦ 为防止推出顶白，客户有无针对局部推出部位的推杆规定使用延迟推出？

（11）塑件相互间的配合关系

① 与其他塑件有配合要求的塑件的尺寸，其公差是否满足要求？尤其要注意脱模斜度对塑件装配所产生的影响。

② 分型线是否恰当？对外观有没有影响？飞边及毛刺是否会影响装配？

③ 塑件零件图的基准在哪里？

（12）其他

① 是否充分探讨了塑件可能会产生的变形、翘曲？有没有对策？

② 塑件图上有锐角之处是否有必要倒圆角（塑件的表面外观必须倒圆角）？圆角 R 最小可以做到多少？包圆角后是否会影响到与其他塑件之间的配合？

2.4 模具结构分析

2.4.1 选择成型设备

模具与设备必须配套使用。因为多数情况下都是根据成型设备的种类来进行模具设计的，所以，在设计模具之前，首先要选择好成型设备，这就需要了解各种成型设备的规格、性能和特点。以注塑机来说，如注塑容量、锁模压力、注塑压力、模具安装尺寸、顶出方式与距离、喷嘴直径与球面半径、定位孔尺寸、模具最大与最小厚度、模板行程等，都将影响模具的结构尺寸与成型能力。同时还应初估模具外形尺寸，判断模具能否在所选的注塑机上安装与使用。

客户对模具所用注塑机如果有规定，必须保证以下几点。

① 塑件投影面积×熔体给型腔的压强≤注塑机锁模力×80%。

② 塑件＋浇注系统凝料≤注塑机额定注射量×80%。

③ 定位圈直径、浇口套的规格与注塑机相匹配。

④ 模具最大宽度＜拉杆之间的距离。

a. 模具最大宽度＝模板的宽度＋凸出模板两侧的附属机构长度；

b. 附属机构有：油（空）压缸、弹簧、定距分型机构、推件固定板先复位机构、热流道端子箱和水管接头等。

⑤ 塑件的推出距离应足够，模具总厚度加上开模距离应满足注塑机的开模行程。

⑥ 推件固定板先复位机构中，若采用注塑机顶棍拉回的方式，则与推件固定板配合的连杆位置、螺纹节距、直径等必须先从客户方面取得。

2.4.2　浇注系统分析

浇注系统直接影响成型塑件的外观质量、尺寸精度、成型周期和模架的规格型号。浇注系统设计应考虑以下几点。

① 采用热流道还是普通流道？采用侧浇口还是点浇口？

② 如何选用主流道、分流道的形式及尺寸？

③ 浇注系统凝料占整个塑件的质量百分比是否合理？

④ 有没有考虑浇注系统对成型周期的影响？

⑤ 有没有考虑浇注系统排气？

⑥ 浇口的形式是否合理？

⑦ 浇口的大小、位置、数量等是否合理？

⑧ 有没有考虑流道的平衡？

⑨ 浇注系统凝料的取出方式是自动落下、手取还是机械手取出？

⑩ 拉料杆的形式是否合理？切除浇口后对外观的影响客户是否接受？

如果要采用热流道系统，应尽量使用标准件，以缩短采购周期，而且还要考虑：

① 加热棒、加热圈等加热元件如何选择最合理？

② 加热元件的电容量如何确定？

③ 感温器的配线如何布置？

④ 客户对感温器的材质是否有明确指示？

⑤ 客户对金属接头、接线端子是否有明确指示？

⑥ 所用塑料是否会有"流延"现象？若有，是否有对策？

⑦ 如何避免加热元件的断路、短路、绝缘等情况发生？

⑧ 热流道板如何实现隔热？

⑨ 热流道板如何装配和定位？装拆是否方便？

⑩ 如何应对热膨胀问题？

⑪ 热射嘴间隙如何选取？

2.4.3　模架及成型零件分析

浇注系统确定后，通常就可以确定模架的规格型号，成型零件确定后就可以确定模架的大小。模架的选择应考虑以下几点。

① 采用何种型号的模架，是二板模模架、标准型三板模模架还是简化型三板模模架？

② 为增加模具强度，是否要增加动、定模之间的定位机构（如内模镶件管位或边锁）？

③ 分型线、分型面、插穿面、碰穿面如何确定？

④ 内模镶件如何镶拼，如何固定？

⑤ 有没有细小镶件的强度和刚度不足？如何解决？

⑥ 镶件加工有没有问题？

⑦ 如何应对塑件壁厚不均匀的问题？

⑧ 是否要设计推件固定板先复位机构？是否要设计定距分型机构？

⑨ 是否需要特殊的推出机构（如二次推出、气动脱模和内螺纹自动脱模等）？

⑩ 镶件是否需要热处理？

⑪ 内模镶件镶拼时是否考虑了塑件尖角、R 角及内模镶件倾斜面等问题？

⑫ 四面抽芯的模具结构，其四面滑块是设置于动模还是定模？是否充分考虑了两种选择的优缺点？

⑬ 有没有充分考虑四面滑块的分割法对塑件外观的影响？

⑭ 标准方铁是否要加高？标准导柱是否要加粗？

⑮ 模具下侧的附属机构（油压缸、水管接头等）是否会碰到地面？是否要设计安全装置（如安全块或撑脚等）？

2.4.4　侧向抽芯机构分析

侧向抽芯机构是注塑模具中最复杂的结构之一，它不但影响模具的制造成本，也影响模具生产过程中的稳定性，因为侧向抽芯机构是最容易发生故障的结构之一。设计侧向抽芯机构时应考虑以下问题。

① 是否必须做侧向抽芯机构？是否可用枕起、插穿或其他结构代替？

② 滑块在动模还是在定模？（优先做在动模）

③ 滑块的动力来源何处，是斜导柱、液压系统、弹簧、弯销还是 T 形扣等？

④ 滑块的导向和定位如何保障？

⑤ 如何选取侧向抽芯的最佳方向？

⑥ 斜导柱、斜滑块、弯销或 T 形扣等的倾斜角度如何确定？

⑦ 承受大面积的塑料注射压力时，其滑块的楔紧块如何保证有足够的锁紧力？

⑧ 如何保证抽芯机构的装配和维修方便？

2.4.5　脱模系统分析

大多数成型塑件都可以采用推杆顶出，这种脱模系统往往比较简单。但有些塑件结构较复杂，包紧力很大，往往采用气动脱模、螺纹自动脱模、多次脱模或强制脱模等复杂的脱模系统，模具设计之前必须详细论证，确定最优、最安全的脱模方案。设计脱模系统时应考虑以下问题。

① 塑件哪些地方必须加推件？（如长螺柱、高加强筋、深槽和角边等地方都是包紧力最大的地方）

② 推出行程如何，是否需要加高方铁？

③ 是否需要采用非常规推出方式？（如推块推出、气动推出、二次推出、内螺纹机动脱模等）

④ 是否要设计推件固定板先复位机构？

⑤ 是否要设计推件固定板导柱？

⑥ 是否要设计延时推出机构？

⑦ 塑件推出后，如何取出，是手取、机械手取出还是自动落下？

⑧ 如果模具要进行全自动化生产，如何保证脱模完全可靠？

⑨ 透明塑件的推出系统如何保证其外观不受影响？

⑩ 对于大型塑件，推出时塑件和型芯、型腔是否会出现真空？

⑪ 是否要设计进气机构？是否必须设计定模推出机构？

2.4.6 温度控制系统分析

温度控制系统直接影响模具的成型周期和成型质量，是注塑模具中最重要的结构之一。设计温度控制系统时应考虑以下问题。

① 了解塑件的生产批量，客户对注射周期有无特别要求？

② 各部位如何能达到同时冷却的效果（冷却水路如何布置，水管直径如何确定，是否要用到水井、喷流或镶铍铜等特殊冷却方式）？

③ 该模具生产时实际使用的模温范围应控制在多少摄氏度？

④ 模具是否有局部高温的地方？这些地方是否要重点冷却？

⑤ 冷却（加热）回路使用哪种介质，是普通水、冷冻水、温水还是油？

⑥ 冷却回路是否会与内部机构（螺栓、推杆等推出机构，内模镶件）或外部机构（吊环螺孔、热流道温控箱、油压缸等）发生干涉？

⑦ 客户对所使用水管接头的规格有无特别要求？水管接头是否必须埋入模板？

⑧ 冷却回路的设计如何避免死水？

⑨ 冷却回路的加工是否方便，是否太长？

⑩ 冷却回路的流量、雷诺数是否有必要计算？

⑪ 浇口套附近是否需要设置单独的冷却回路？

2.4.7 排气问题分析

注塑模具属于型腔模，型腔内有大量气体，熔体进入型腔时必须将这些气体及时排出。大型模具、厚壁设计注塑模具、薄壁塑件注塑模具经常因排气不良而导致模具设计失败。排气系统设计通常要考虑以下问题。

① 是否按照客户的指示做了排气槽？

② 壁厚较薄而不利于填充的部位（客户不允许再加大壁厚时）如何做排气槽？

③ 浇注系统末端是否有必要设计排气槽？

④ 是否有必要采用特殊的排气方式，如透气钢排气、排气栓排气或气阀排气等？

⑤ 预测的熔接痕附近是预先做排气槽，还是等试模后再于熔接痕附近开设排气槽？

⑥ 型腔有没有特别困气的地方？

⑦ 分模面的排气槽是设计在动模侧还是定模侧？

⑧ 内模镶件和加强筋如何排气？

⑨ 排气槽、孔的规格如何？

2.4.8 模具加工分析

所设计的模具必须做得出来，这是最基本的要求。作为一个优秀的模具设计工程师，你设计的模具还要尽量做到以最低的成本做出来。

① 塑件结构形状是否合理？模具型芯、型腔能否加工得出来？是否有改良的余地？

② 塑件表面的镶件夹线是否已取得客户的同意？

③ 仿形加工、数控加工、线切割、EDM等加工是否有困难？

④ 加强筋处是否需要镶拼？如何镶拼？

⑤ 型芯、型腔是否需要特殊加工，如蚀纹加工、喷砂加工、雕刻加工等？

如果要蚀纹加工，则应考虑：

a. 蚀纹的花纹形式及编号是否明确？

b. 侧壁如果有蚀纹，则其脱模斜度应根据蚀纹规格去选取（详见7.12节）。

c. 蚀纹范围是否明白无误？

d. 各部位的蚀纹形式、编号是一种还是两种以上？

e. 为避免刮花和色泽不均，薄壁处应避免蚀纹。

f. 动模侧的蚀纹或电极加工的蚀纹区域是否会反映至塑件表面上，而使该部位表面粗糙及产生不同色泽？

g. 蚀纹后要施以何种喷砂处理（光泽处理）？

全光泽100%→玻璃砂半光泽50%→玻璃砂＋金刚砂消光0→金刚砂。

如果要喷砂加工，则应考虑：

a. 喷砂的花纹形式及编号是否明确？

b. 喷砂的范围是否明确？

c. 使用一种或两种以上的喷砂时，其形式或编号是否清楚？

d. 使用哪一种喷砂形式，金刚砂、玻璃砂还是金刚砂＋玻璃砂？

如果要雕刻加工，则应考虑：

a. 客户是否提供了字稿、底片？

b. 底片的倍率是多少？

c. 塑件字体或符号是凹入还是凸出？

d. 雕刻方法的选择，是直接雕刻机雕刻、放电雕刻、铍铜挤压式镶件还是数控（NC）铣床加工？

e. 雕刻板尺寸是否有必要加收缩率？

2.4.9 拟定模具结构方案

理想的模具结构应能充分发挥成型设备的能力（如合理的型腔数目和自动化水平等），在绝对可靠的条件下，使模具本身的工作最大限度地满足塑件的工艺技术要求（如塑件的几何形状、尺寸精度、表面粗糙度等）和生产经济要求（成本低、效率高、使用寿命长、节省劳动力等）。由于影响模具结构的因素很多，结构方案的拟定可先从以下几方面做起。

① 型腔数量。根据塑件的形状大小、结构特点、尺寸精度、批量大小，以及模具制造的难易、成本高低等确定型腔的数量。

② 排位。按塑件形状结构，合理地确定其摆放位置，摆放位置在很大程度上影响模具结构的复杂性。

③ 选择分型面。分型面的位置要有利于模具加工、熔体填充、排气、脱模、塑件的表面质量等。

④ 确定浇注系统。浇注系统包括主流道，分流道，冷料穴（冷料井），浇口的形状、大小和位置，排气方法，排气槽的位置与尺寸大小，等等。

⑤ 选择脱模方式。考虑开模、分型的方法与顺序，拉料杆、推杆、推管、推板等脱模零件的组合方式，合模导向与复位机构的设置，以及侧向分型与抽芯机构的选择与设计。

⑥ 模温控制。了解模温的测量方法，确定冷却水孔道的形状、尺寸与位置，特别是与模腔壁间的距离及位置关系。

⑦ 确定主要零件的结构、尺寸。考虑成型与安装的需要及制造与装配的可能，根据所选材料，通过理论计算或经验数据，确定型腔、型芯、导柱、导套、推杆、滑块等主要零件的结构、尺寸以及安装、固定、定位、导向等的方法。

⑧ 支承与连接。如何将模具的各个组成部分通过支承块、模板、销钉、螺钉等支承与连接零件，按照使用与设计要求组合成一体，获得模具的总体结构。

结构方案的拟定是模具设计工作的基本环节。设计者应将其结果用简图和文字加以描绘与记录，作为方案设计的依据与基础。

拟定模具结构初步方案时，应广开思路，多想一些办法，随后广泛征求意见，进行分析论证与权衡，选出最合理的方案。

2.5 绘制模具图

模具图由模具装配图和模具零件图组成。模具装配图是表示模具零件及其组成部分的连接、装配关系的图样。它用来表示该副模具的构造，零件之间的装配与连接关系，模具的工作原理以及生产该套模具的技术要求、检验要求等。模具零件图表示各模具零件的形状、尺寸、精度、材料和技术要求等。

2.5.1 模具装配图的作用

在塑料制品的生产中，无论是新产品开发，还是对其他产品进行仿造、改制，都要先分析制件工艺性，确定模具结构后画出装配图。开发新产品时，设计部门应首先画出整套模具的总装配图和模具各组成部分的部件装配图，然后再根据装配图画出非标准件的零件图；制造部门则首先根据零件图制造模具零件，然后再根据装配图将零件装配成完整的模具。同时，装配图又是装配、调试、生产操作和模具维修的标准资料。由此可见，模具装配图是指导模具生产的重要技术文件。

2.5.2 模具装配图的内容

图 2-1 所示为透明盖注塑模具的装配图。从图中可看出，一张完整的模具装配图应具有下列内容。

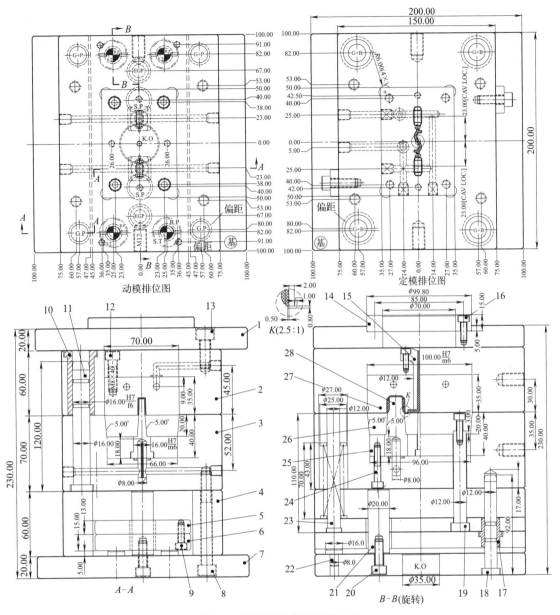

图 2-1 透明盖注塑模具装配图

1—面板；2—定模 A 板；3—动模 B 板；4—方铁；5—推杆固定板；6—推杆底板；7—底板；
8,9,12,13,16,20,24—螺钉；10—导套；11—导柱；14—定位圈；15—浇口套；
17—推杆板导套；18—推杆板导柱；19—推杆；21—撑柱；22—推杆板限位钉；
23—复位杆；25—动模镶件；26—埋入式推块；27—定模镶件；28—动模型芯

（1）一组视图

用来表示塑料成型模具的构造、工作原理，零件间的装配、连接关系，及主要零件的结构形状。

（2）尺寸

用来表示模具装配整体的规格或性能以及装配、安装、检验、运输等方面所需要的尺寸。

（3）零件编号、标题栏和明细栏

① 为了便于读图和管理图样，装配图上所有的零、部件都必须编写序号，并在标题栏上方编制相应的明细栏。

② 标题栏用来注明模具的名称、绘图比例、质量和图号，以及设计者、校对者、工艺者、审核者、批准者姓名和设计单位等信息。

③ 明细栏用来记载模具非标准零件的名称、序号、材料、数量，以及标准件的规格、标准代号等。

（4）技术要求

用文字或代号说明模具在装配、检验、调试时需达到的技术条件和要求及使用规范等。一般包括：对模具在装配、检验时的具体要求；关于模具关键件性能指标方面的要求；安装、运输及使用方面的要求；有关试验项目的规定；等等。

2.5.3 绘制模具装配草图

总装配图的设计过程比较复杂，应先从画草图着手，再经过认真思考、讨论与修改，使其逐步完善，方能最后完成。草图设计过程是"边设计（计算）、边绘图、边修改"的过程，不能指望所有的结构尺寸与数据一下就能定得合适，所以在设计过程中往往需反复多次修改。其基本方法是将初步拟定的结构方案在图纸上具体化，最好是用坐标纸，尽量采用1∶1的比例，先从型腔开始，由里向外，主视图、俯视图和侧视图同时进行，依次确定以下结构。

① 型腔与型芯的结构。

② 浇注系统、排气系统的结构形式。

③ 分型面及分型、脱模机构。

④ 合模导向与复位机构。

⑤ 冷却或加热系统的结构形式与部位。

⑥ 安装、支承、连接、定位等零件的结构、数量及安装位置。

⑦ 确定装配图的图纸幅面，绘图比例，视图数量、布置及方式。

2.5.4 绘制模具装配图

模具制图的目的是为模具制造提供科学、可靠、全面和低成本的依据。模具制图标准适用于模具开发、制造和维修保养的全过程。

（1）绘制模具装配图应遵循的原则

① 统一性原则：模具制图必须符合国家、行业和公司标准，其绘图流程和规范必须统一，模具设计工程师不得各自为政。

② 可靠性原则：模具设计图必须提供可靠的结构和准确的尺寸，确保模具制造快速顺畅，确保模具生产的安全可靠，并达到既定的生产寿命。

③ 完整性原则：一套完整的模具图应该包括模具装配图、主要的零件图、推杆位置图、线切割图、电极图、订购模架时的开框图等，同时尺寸标注也要完整、准确和美观。

④ 快捷性原则：在模具制作速度日益快捷的现代企业，提高模具制图的速度和准确性非常重要。模具设计工程师必须能熟练使用现代化的计算机绘图工具进行 3D 和 2D 的模具设计。

（2）绘制模具装配图的注意事项

① 认真、细致、干净、整洁地将修改完成的结构草图，按标准画在正式图纸上。

② 将原草图中不细不全的部分在正式图上补细补全。

③ 标注技术要求和使用说明，包括某些系统的性能要求（如顶出机构、侧抽芯机构等），装配工艺要求（如装配后分型面的贴合间隙的大小、上下面的平行度、需由装配确定的尺寸要求等），使用与装拆注意事项，以及检验、试模、维修、保管等要求。

④ 全面检查，纠正设计或绘图过程中可能出现的差错与遗漏。

2.5.5　模具装配图的选择与规定画法

（1）模具装配图的选择

模具装配图应反映模具的结构特征、工作原理及零件间的相对位置和装配关系。图 2-1 所示为某注塑模具总装配图实例。

模具装配图一般由排位图、主要的剖视图以及局部放大图等视图组成。

① 排位图。排位图包括定模排位图、动模排位图。定模排位图、动模排位图均采用拆卸画法。定模排位图是假设移开动模部分，从动模侧看定模型腔的视图，包括型腔位置、侧向抽芯机构、浇注系统、温度控制系统、排气系统和导向定位系统等。动模排位图是假设移开定模部分，从定模侧看动模型芯、型腔的视图，包括型芯/型腔位置、侧向抽芯机构、浇注系统、脱模系统、温度控制系统、排气系统和导向定位系统等。由于排位图中位置尺寸较多，因此一般都采用坐标标注法标注尺寸。

② 剖视图。主要剖视图一般应符合模具的工作位置，并要求尽量多地反映模具的工作原理和零件之间的装配关系。有侧向抽芯机构的模具，其装配图一定要将抽芯方向、抽芯机构主要零件及其装配关系表示清楚。由于组成模具的各零件往往相互交叉、遮盖而导致投影重叠，因此，模具装配图一般都要画多个剖视图，以将某一层次或某一装配关系的情况表示清楚。需要说明的是，由于注塑模具装配图中尺寸较多，在实际工作中，为表示清楚，注塑模具剖视图通常不加剖面线。

③ 局部视图和局部放大图。主视图未能表达清楚或表达不够充分的部分一般要移出或移出放大，如成型零件、浇注系统和侧向抽芯机构等。一般情况下，零、部件中的每一种零件至少应在视图中出现一次。

（2）模具装配图的规定画法

① 两零件的接触面或配合（包括间隙配合）表面，规定只画一条线。而非接触面、非配合表面，即使间隙再小，也应画两条线。

② 相邻两零件的剖面线倾斜方向应相反，详见图 2-1。若相邻零件多于两个，则有的零件的剖面线应以不同比例与相邻的零件相区别。同一零件在各视图上的剖面线比例和角度应一致。

③ 在装配图上作剖视图时，当剖切平面通过标准件（如螺母、内六角螺钉、圆柱销和热射嘴等）和实心回转体（如圆形凸模、顶杆、模柄、型芯等）的中心轴线时，这些零件的剖视图按不剖绘制，即不画剖面线，而是画外形视图。如图 2-1 中的导柱 11、复位杆 23 和内六角螺钉 20 等都采用这种画法。

2.5.6　模具装配图尺寸标注

（1）规格型号尺寸

例如"M8×40"表示直径为 8mm，长度为 40mm 的螺钉。这类尺寸表明模具装配图中零件的规格型号。

（2）装配关系尺寸

这类尺寸表明模具中相关零件之间的装配关系，主要分为两种：

① 配合尺寸，如图 2-1 中导柱、导套的配合尺寸"$\phi 16H7/f6$"等；

② 主要位置尺寸。

（3）安装尺寸

塑料成型模具中定模板和动模板上的安装孔位应与塑料成型机相匹配。标注这类尺寸是为了将该模具安装到塑料成型机上，因而相对于塑料成型机，模具相应零件上加工出相适应的直径和中心距的两孔，以完成该模具在塑料成型机上的螺栓连接。

（4）总体尺寸

这类尺寸是指模具总长、总宽、总高的尺寸。它们是包装、安装所占用体积、面积的设计所需尺寸，如图 2-1 中的"160""200""230"等尺寸。它们反映模具的整体大小。

（5）其他主要尺寸

这类尺寸是指在设计时经过计算而确定的尺寸，以及主要零件的某些主要结构尺寸等。

2.5.7 各种孔位及其代号

注塑模具装配图中的零件很多，为表达清楚，一般会在其视图上加上英文简称的代号，使看图者一目了然。常见孔位及其代号见表 2-2。

表 2-2 模具装配图中常见孔位及其代号

代　号	名　称	代　号	名　称
S．P	撑柱	T．L	拉板
K．O	顶棍孔	SW	螺纹孔
STR	推杆板限位钉	S-A	小拉杆
STP	推杆板限位柱	LK	尼龙塞（扣）
EPW	推杆板螺钉	WL	冷却水孔
EGB	推杆板导套	R．P	复位杆
EGP	推杆板导柱	O．S	偏孔
BIB	方定位块	G．P	导柱
P．B	脱浇板限位螺钉	G．B	导套

2.5.8 模具图中的技术要求

模具图中技术要求标注规范如下：

① 当模具装配关系或零、部件不能用视图充分表示清楚时，应在技术要求中用文字说明，其位置应在标题栏的上方或左方。

② 技术要求应用阿拉伯数字编写序号，仅一条时，不写序号，若条文太长，则书写换行时应与上行文字对齐。

③ 技术要求的内容应简明扼要，通俗易懂。

塑料模具装配图的技术要求一般包括下面内容：

① 对模具装配工艺的要求（如模具装配后分型面上贴合面的贴合间隙应不大于

0.05mm），模具上、下面的平行度要求，并指出由装配决定的尺寸和对该尺寸的要求。

② 对于模具某些系统的性能要求，如对脱模系统、滑块抽芯结构的装配要求。

③ 模具使用、装拆方法。

④ 防氧化处理，模具编号、刻字、标记、油封、保管等的要求。

⑤ 使用要求：模具在使用过程中的注意事项及要求，模具的维护、保养等。

⑥ 装配要求：模具在装配过程中注意的事项及装配后应达到的要求，如装配间隙、润滑要求、喷防锈剂等。

⑦ 检验要求：对模具基本性能的检验、试验条件和方法、操作要求等。

2.5.9　模具装配图中零件序号及其编排方法

将组成模具的所有零件（包括标准件）进行统一编号。相同的零件编一个序号，一般只标注一次。序号应注写在视图外明显的位置上。序号的注写形式如图 2-1 所示，其注写规定如下。

① 序号的字号应比图上尺寸数字的字号大一号或大两号。一般从被标注零件的轮廓内用细实线画出指引线，在零件一端画圆点，另一端画水平细实线或细实线圆。

② 直接将序号写在指引线附近，这时序号的字号应比图上尺寸数字的字号大两号。

③ 当指引线所指零件很薄，或是指向涂黑的剖面而不便画圆点时，则可用箭头代替圆点，箭头直接指在该部件的轮廓线上。

④ 画指引线不要相互交叉，不要与剖面线平行，必要时允许画成一次折线。

⑤ 对于一组零、部件，可按标准 GB/T 4458.2 中图 3 所示的形式引注。

⑥ 序号应按顺时针（或逆时针）方向整齐地顺次排列。如在整个图上无法连续时，可只在每个水平或垂直方向顺次排列。

⑦ 在编写序号时，要尽量使各序号之间距离均匀一致。

2.5.10　标题栏和明细栏的填写

标题栏用来注明模具的名称、绘图比例、质量和图号，以及设计者、校对者、工艺者、审核者、批准者姓名和设计单位等信息。

明细栏一般由序号、代号、名称、数量、材料、备注等组成，也可按实际需要增减。

明细栏一般绘制在标题栏上方。明细栏的填写，应按编号顺序自下而上地进行。位置不够时，可在与标题栏毗邻的左侧延续，但应尽可能与右侧对齐。当装配图中不能在标题栏的上方配置明细栏时，其可以作为装配图的续页按 A4 幅面单独给出，称为明细表，其零件及组件的序号应是由上而下延伸。

2.5.11　模具装配图绘制要求

注塑模具图纸由总装配图、零件图两部分组成，要求根据模具结构草图绘制正式装配图。所绘装配图应能清楚地表达各零件之间的相互关系，应有足够说明模具结构的投影图及必要的剖面、视图，还应画出工件图，填写零件明细表和提出技术要求等。注塑模具装配图的绘制要求见表 2-3。

表 2-3　注塑模具装配图的绘制要求

项目	要求
图面布置及比例选定	①遵守国家标准的机械制图规定(GB/T 14689—2008); ②可按照模具设计中习惯或特殊规定的绘制方法作图; ③用绘图软件绘图时比例取 1:1,图纸打印时可根据模具大小进行缩放
模具设计绘图顺序	①绘制总装图时,应先里后外,由上向下,即先根据产品零件图绘制内模镶件图,再根据内模镶件确定模架尺寸,接着再绘制浇注系统、侧向抽芯机构、冷却系统、脱模系统、导向定位系统和其他结构件; ②先绘制动模排位图,再绘制主要的剖视图,接着再绘制定模排位图和其他剖视图; ③模具剖视图一般应按模具闭合状态画出。绘图应与计算工作联合进行,画出各部分模具零件结构图并确定模具零件的尺寸
模具装配图中的排位图	排位图包括动模排位图和定模排位图。排位图采用假设画法,动模排位图是假设将定模部分拆除后的视图,定模排位图则是假设动模移出后的视图。对称的模具其动模排位图也可只将定模的一半移除,而留下一半,用以表示定模的装配结构
模具装配图中的剖视图	①模具装配图中的剖视图必须清楚表示模具的结构,尽可能将模具的所有零件画出来,可采用全剖视或阶梯剖视; ②在剖视图中,由于要标注的尺寸较多,有时为了图形结构清晰,剖视图可不画剖面线; ③绘制的模具剖视图要处于闭合状态,也可以一半处于工作状态,另一半处于打开状态
模具装配图上的工件图	①工件图是经模塑成型后所得到的塑件图形,一般画在总装图的右上角,并注明材料名称、厚度及必要的尺寸; ②工件图的比例一般与模具图上的比例一致,特殊情况下可以缩小或放大; ③工件图的方向应与模具成型方向一致(即与工件在模具中的位置一致),若特殊情况下不一致时,必须用箭头注明模具成型方向
模具装配图中的技术要求	在模具总装配图中,应简要注明对该模具的注意事项、技术要求。技术要求包括模架规格型号、所选设备型号、模具闭合高度、模具的装配要求等(参照国家标准适当地、正确拟定所设计模具的技术要求和必要的使用说明)
模具装配图中应标注的尺寸、标题栏和明细栏	①模具闭合尺寸、外形尺寸、特征尺寸(与成型设备配合的定位尺寸)、装配尺寸(安装在成型设备上所用螺钉孔的中心距)、极限尺寸(活动零件移动起止点)以及重要零件的配合尺寸; ②标题栏和明细表放在总图右下角,若图面不够,可另立一页

2.5.12　模具图的习惯画法

模具图的画法主要按机械制图的国家标准规定,考虑到模具图的特点,允许采用一些习惯画法,见表 2-4。

表 2-4　模具图的习惯画法

项目	要求
推杆画法	排位图中推杆视图是圆形的,为区别于导柱、导套、螺钉、销钉等圆形零件,其圆形内部对角画上阴影,如◐ 
螺钉和圆柱销在俯视图中的画法	同一规格、尺寸的螺钉和圆柱销,在模具总装配图中的剖视图中可各画一个,引出一个内六角螺钉和圆柱销件号,当视图中不易表达时,也可从俯视图中引出件号。排位图中分别用双圆(螺钉头外径及窝孔)及单圆表示螺钉和圆柱销,当剖视位置比较小时,螺钉和圆柱销可各画一半。在总装配图中,螺钉通过孔一般情况下要画出
弹簧的画法	在模具中,习惯采用简化画法画弹簧,用双点画线表示。当弹簧个数较多时,在俯视图中可只画一个弹簧,其余弹簧只画中心线表示其位置
图层和颜色管理	用计算机绘图时因尽量用不同颜色和图层来表示不同的零件

2.5.13 绘制模具零件图

任何一套模具，都是由若干零件按照一定的装配关系和技术要求装配而成的。零件图是直接用于生产的，因此必须符合实际，这是零件图的根本属性。

（1）模具零件图的作用

表达模具零件的结构、大小及技术要求的图样称为模具零件图。在模具零件图中，既要反映出设计者的意图，又要表达出模具对零件的要求，同时还要考虑到结构的合理性与制造的可能性。在模具加工的过程中，模具零件加工制造的主要依据就是模具零件图。其具体生产过程是：先根据模具零件图中所要求的材料备料；然后按照模具零件图中的图形、尺寸和其他要求进行加工制造；最后按照技术要求检验加工出的模具零件是否达到规定的质量标准。由此可见，模具零件图是加工制造模具零件和检查模具零件质量的重要技术文件。

（2）模具零件图的内容

模具零件图是指导模具零件制造的图样，因此必须符合实际生产的需要。绘制模具零件图时，要根据所画零件的用途考虑其结构设计和尺寸标注是否合理，与相邻零件的关系是否协调，是否便于读图、加工和装配等问题。为保证零件的质量，还应考虑是否需要对零件的尺寸精度、表面性质（如粗糙程度、几何形状及其相对位置的精确程度）等提出严格的指标要求，是否还需对零件进行某些特殊的处理等。

实际生产用的零件图，其具体内容包括以下部分。

① 图形：用一组视图正确、完整、清晰、简便地表达出模具零件各部分的结构形状。

② 尺寸：用一组尺寸正确、完整、清晰、合理地标注出模具零件的大小。

③ 技术要求：用一些规定的符号、数字、字母和文字注解简明、准确地给出零件在制造、检验或使用时应达到的各项技术指标。

④ 标题栏：在标题栏中，应写明零件的名称、图号、材料、件数、比例，以及设计、制图、审核、工艺等人员的签名和签名时间等内容。

绘制零件图时应注意做到以下几点：

① 凡需自制的零件都应画出单独的零件图；

② 图形尽可能按 1：1 的比例画出，但允许放大或缩小，要做到视图选择合理、投影正确、布置得当；

③ 统一考虑尺寸、公差、形位公差、表面粗糙度的标注方法与位置，避免拥挤与干涉，做到正确、完整、有序，可将出现最多的一种表面粗糙度以"其余"的形式标于图纸的右上角；

④ 零件图的编号应与装配图中的序号一致，便于查对；

⑤ 标注技术要求，填写标题栏；

⑥ 自行校对，以防差错。

（3）模具零件图的视图选择

零件图的视图选择，是根据零件的结构形状、加工方法及其在机器中所处位置等因素的综合分析来确定的。

① 主视图的选择。主视图是一组图形的核心，主视图选择得恰当与否将直接影响到其他视图位置和数量的选择，关系到画图、看图是否方便，甚至涉及图纸幅面的合理利用等问题，所以，主视图选择一定要慎重。

选择主视图的原则：将表示零件信息量最多的那个视图作为主视图，通常是零件的工作位置、加工位置或安装位置。具体地说，一般应从以下三个方面来考虑。

a. 表示零件的工作位置或安装位置。主视图应尽量表示零件在机器上的工作置或安装位置。主视图就是根据它们的工作位置、安装位置并按照尽量多地反映其形状特征的原则选定的。由于主视图按零件的实际工作位置或安装位置绘制，看图者很容易通过头脑中已有的形象储备将其与整副模具或部件联系起来，同时，也便于与其装配图直接对照（装配图通常按其工作位置或安装位置绘制），从而利于看图。

b. 表示零件的加工位置。主视图应尽量表示零件在机械加工时所处的位置。如轴、套类零件的加工，大部分工序是在车床或磨床上进行的，因此一般将其轴线水平放置画出主视图，这样，在加工时可以直接进行图物对照，既便于看图，又可减少差错。

c. 表示零件的结构形状特征。主视图应尽量多地反映零件的结构形状特征。这主要取决于投射方向的选定，能使组成部分的相对位置表现得更清楚的，就作为主视图的投射方向，为看图者提供更大的信息量。

② 其他视图数量和表达方法的选择。主视图确定后，应运用形体分析法对零件的各组成部分逐一进行分析，对主视图表达未尽的部分，再选其他视图进行补充。

a. 所选视图应具有独立存在的意义和明确的表达重点，各个视图所表达的内容应相互配合，彼此互补，注意避免不必要的细节重复，在完整表达零件的前提下，尽量使视图的数量最少。

b. 先选用基本视图，后选用其他视图（剖视、断面等表示方法应兼用）；先表达零件的主要部分（较大的结构），后表达零件的次要部分（较小的结构）。

c. 零件结构的表达要内外兼顾、大小兼顾。选择视图时要以"物"对"图"，以"图"对"物"，反复盘查，不可遗漏任何一个细小的结构。

总之，选择表达方案的能力，应通过看图、画图的实践，并在积累生产实际知识的基础上逐步提高。初学者选择视图时，应首先致力于表达完整，在此前提下，再力求视图简洁、精练。

2.5.14　常见模具零件的尺寸标注

（1）模具设计图尺寸标注一般要求

① 标注尺寸采用的单位：模具图中的尺寸单位有公制和英制两种，其中英国、美国、加拿大、印度和澳大利亚等国家用英制，我国采用公制，但如果客户是以上国家则宜用英制。另外，模具中的很多标准件（如螺钉、推杆等）都用英制单位，所以在模具设计时即使其他尺寸采用公制，这些标准件尺寸标注时仍然用英制单位。

② 标注尺寸采用的精确度。

线性尺寸：公制采用二位小数"X.XX mm"，英制采用四位小数"X.XXXX in"。

角度：采用一位小数"X.X°"。

③ 模具图中的尺寸基准。

模具设计图基准种类有三种：

a. 产品（塑件）基准：客户产品图纸的基准。所有关于型腔、型芯的尺寸由塑件基准作为设计基准。模具设计图中的型芯、型腔尺寸应与产品图中尺寸一一对应。

b. 模具装配基准：一般以模架中心作为装配基准。所有螺钉孔、冷却水孔等与模架装配有关系的尺寸要以装配基准为设计基准。

c. 工艺基准：根据模具零件加工、测量的要求而确定的基准，如镶件孔的沉孔标数要以底面为基准。

模具图尺寸基准的选用：

a. 在剖视图中，以分型面为基准，同时加注基准符号，如图2-2所示。有时产品工程师会要求以塑件图为基准，此时塑件基准与模具图中塑件基准重合。

b. 在平面图中，情况较复杂：

• 如果零件是对称的，用两条中心线作为基准，同时加注基准符号，如图2-3所示。

• 如果只有一轴对称，另一轴不对称，此时若有柱位，就以柱中心为基准，如图2-4所示；如果没有柱位，以外形较长的线或边作为基准，如图2-5所示。

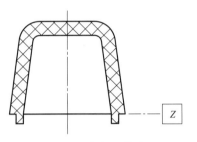

图2-2 剖视图基准

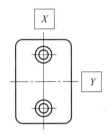

图2-3 零件对称

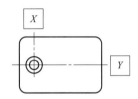

图2-4 零件只有一个方向对称（1）

• 如两轴都不对称，选柱位或直边作为基准，如图2-6及图2-7所示。

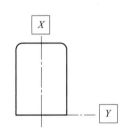

图2-5 零件只有一个方向对称（2）

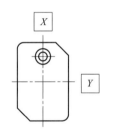

图2-6 零件不对称（1）

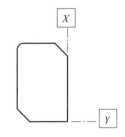

图2-7 零件不对称（2）

正确选择尺寸基准是保证零件设计要求，便于加工与测量的重要条件。

④ 同一结构在不同视图中尺寸标注要统一，例如统一按大端尺寸标注，有必要的话，脱模斜度应一同标出，例如$50 \ominus 3°$，见图2-8（a）。加强筋（RIB）及孔的尺寸，标注中心尺寸及宽度、深度、直径即可，脱模斜度另外标注，见图2-8（b）、（c）。

⑤ 推杆孔的位置尺寸只要在内模镶件图上标注即可，在推杆固定板和模板图上都可不

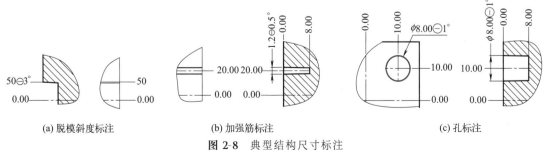

(a) 脱模斜度标注　　　　　(b) 加强筋标注　　　　　(c) 孔标注

图2-8 典型结构尺寸标注

标注，但应注明推杆孔直径大小。

⑥ 数控加工（CNC）零件不用标注全部尺寸，只标注重要的基准数据和检测数据即可。

⑦ 动、定镶件标注的尺寸主要有：线切割尺寸，螺钉、冷却水孔尺寸，推杆孔尺寸，分型面高低落差尺寸，外形配合尺寸，等等。为表达清楚，以上尺寸可分多张图纸标注。

⑧ 线切割尺寸只标注主要尺寸，轮廓复杂的可将线切割部分复制出来另行出图，并在原图纸上注明。

⑨ 非标准模架须标注模板类螺孔位置尺寸，复位杆、导柱等的位置和大小尺寸，以及动、定模框加工检测尺寸，而标准模架则不进行标注（同时在标准件中也不再订购导柱、复位杆及推杆板导柱）。

⑩ 在标注加强筋电极加工位置时，标注电极中心位置即可。

（2）零件图尺寸标注要求

① 正确：尺寸标注应符合国家《机械制图》的基本规定。

② 完整：尺寸标注必须做到保证工厂各生产活动能顺利进行。

③ 清晰：尺寸配置应统一规范，便于看图查找。

④ 合理：尺寸标注应符合设计及工艺要求，以保证模具性能。

⑤ 对有斜度的零件，尺寸标注旁要注明大、小或（$L \ominus X°$）、（$S \ominus X°$）以表明大小端尺寸，X 表示斜度值，即单边度数。

⑥ 基本要求：最大外形尺寸一定在图面有直接的标注，若产生封闭尺寸链，可在最大外形尺寸上加括号。

⑦ 应将尺寸尽量标注在视图外面，以免尺寸线、尺寸数字与视图的轮廓线相交。

⑧ 同心圆柱的直径尺寸最好标注在非圆视图上。

⑨ 相互平行的尺寸，应按大小顺序排列，小尺寸在内，大尺寸在外，并使它们的尺寸数字错开。

⑩ 尺寸线要布置整齐，尽量集中布置在同一边，相关尺寸最好布置在一条线上。对尺寸密集的地方，应放大标注，以免产生误解。

⑪ 型腔中的重要定位尺寸，如孔、筋、槽等要直接从基准标出。

⑫ 所有结构要有定位、定形尺寸，对于孔、筋、槽的定位尺寸要以中心线为准。

⑬ 在标注剖视图尺寸时，为了清晰、明了、整洁，内外尺寸要分别标注在两侧。

（3）装配图尺寸标注要求

① 排位图采用坐标标注法，模具中心为坐标原点，剖视图采用线性尺寸标注。

② 装配图主要标注以下尺寸：

a. 注塑机连接部分的尺寸。

b. 所有不单独绘制零件图的零件尺寸（主要是模架加工部分，但模架上的标准孔位置可不标）。

c. 各型腔的位置尺寸，并尽量取整数。

d. 浇口的位置、浇口套螺钉的位置。

e. 模板的大小及内模镶件的大小与位置。

f. 侧向抽芯机构及其配件的位置和大小。

g. 定位块的位置和大小。

h. 冷却水孔的位置、规格及编号。

i. 顶棍孔的直径和位置。

j. 推杆板导柱及其导套的长度和大小。

k. 撑柱（S.P）的位置和直径。

l. 复位弹簧的直径和长度，弹簧孔需标示深度及直径、弹簧规格，见图2-9。

m. 限位钉的直径和厚度。

n. 三板模与二板模中定距分型机构的位置和长度。

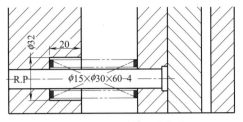

图 2-9 复位弹簧尺寸标注

（4）模具零件图尺寸标注实例

① 模板尺寸标注。模板通常由一个主视图和若干个剖视图组成，主视图通常采用坐标标注法，剖视图则采用线性标注法，见图2-10。

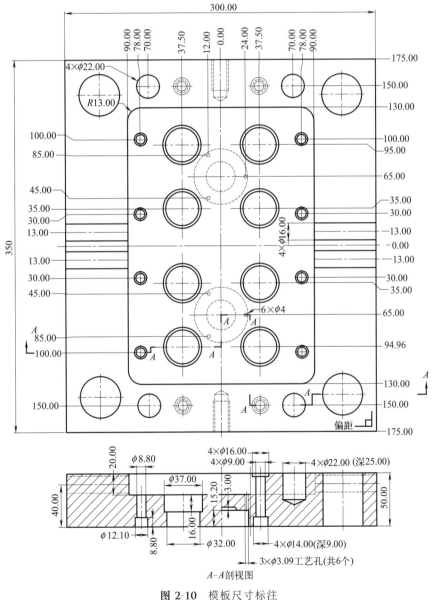

图 2-10 模板尺寸标注

② 内模镶件尺寸标注实例，见图 2-11。

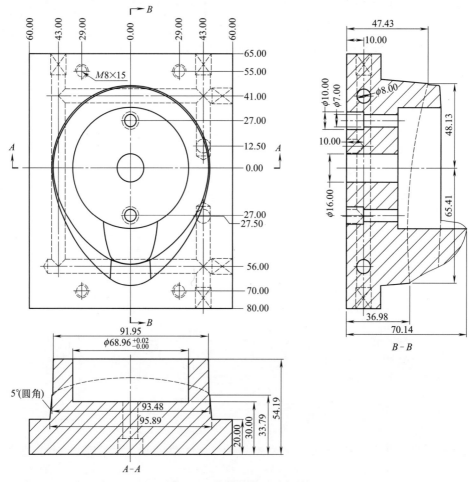

图 2-11 内模镶件尺寸标注

通常镶件图分为镶件螺孔图、冷却水路图和镶件加工图。形状简单的镶件，其螺孔图、冷却水路图与加工图在一张图面中反映。

镶件标注时注意事:

a. 方向与基准角要按动模侧准确标出。

b. 用最少的视图把图面表达完整，一个形状的尺寸尽量在一个视图上标注清楚。

c. 碰穿面和擦穿面要用文字标出。

d. 分型面按照装配图的位置标出，基准角要注明，基准要与装配图一致。

e. 淬火的镶件要注明 HRC 值和粗加工余量。

f. 要在技术要求中注明内模镶件成型面的脱模斜度，如：型腔脱模斜度为 $1.5°$，所注尺寸为大头（端）尺寸。

③ 滑块尺寸标注实例。滑块可分中标注，不好分中的可选一较大的平面作为基准，高度方向以底面为基准，前面有平面的以前面为基准，详见图 2-12。

注意事项:

a. 滑块的长、宽、高要标注;

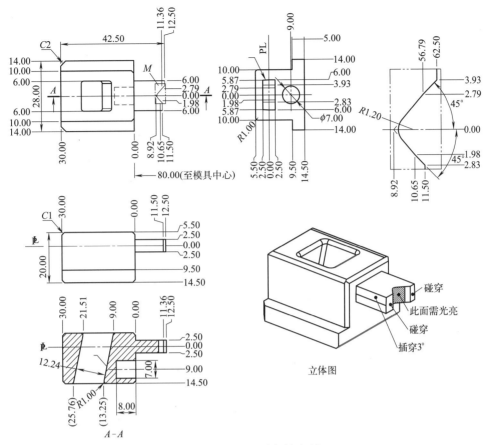

图 2-12 滑块尺寸标注实例

b. 滑块的标注采用坐标标注法，长、宽、高三个原点分别定在中心线、与镶件紧靠的平面轮廓线和分型线上；

c. 需标出分型面或滑块中心与模具中心的距离；

d. 滑块周边要倒 C 角，不能倒 R 角；

e. 应有一个立体示意图，且标出其插穿面、碰穿面。

④ 锁紧块和弯销尺寸标注实例。锁紧块和弯销尺寸标注采用直线标注法，见图 2-13 和图 2-14。

⑤ 斜推杆尺寸标注实例，见图 2-15。

⑥ 模具型芯尺寸标注实例，见图 2-16。

注意事项：

a. 可以分中的要分中标注；

b. 不能分中的以一个较大的平面为基准标注；

c. 高度方向以底面为基准标注；

d. 热处理零件要注明硬度，若要淬火，还需注明粗加工余量；

e. 要在技术要求中注明型芯成型面的脱模斜度，如"型芯脱模斜度为 1°，所注尺寸为小头（端）尺寸。"也可按图 2-16 中标示。

（5）订购模架参考图

订购的模架精加工厚度公差参考图 2-17，模板的长、宽尺寸公差要求±0.2mm。

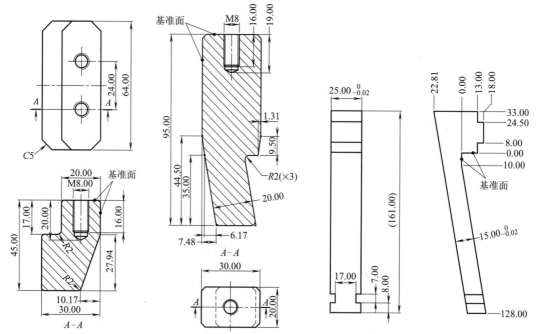

图 2-13 锁紧块尺寸标注   图 2-14 弯销尺寸标注   图 2-15 斜推杆尺寸标注

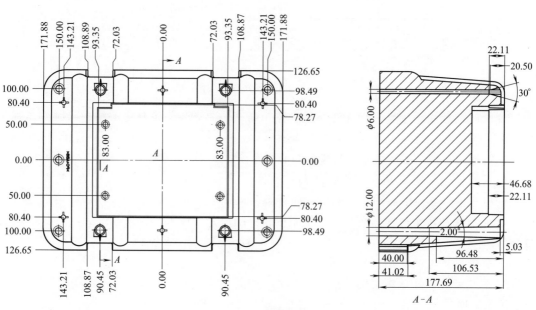

技术要求

1.所有未标明胶位尺寸必须依照产品图。

2.热处理硬度50～52HRC。

3.脱模斜度1.5°，如无特别注明，尺寸如下图所示：

4.热处理：调质至28～32HRC。

5.未注倒角：$R0.5$。

图 2-16 模具型芯尺寸标注

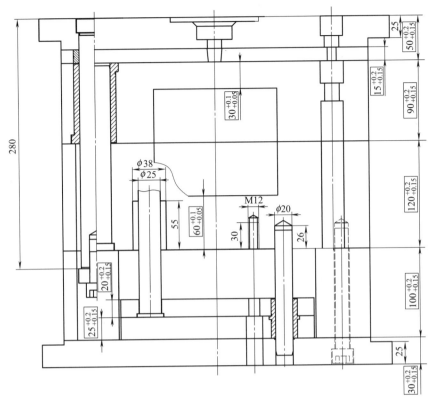

图 2-17　订购模架图

（6）模具装配图尺寸标注实例

模具装配图的尺寸标注见图 2-18 和图 2-19。

注意：由于装配图要标注的尺寸多，为表达清楚，在实际工作过程中，装配图中主要剖视图都不画剖面线。

2.5.15　模具零件图的绘制要求

按照模具的总装配图拆画模具零件图。模具零件图既要反映出设计意图，又要考虑到制造的可能性及合理性。零件图设计的质量直接影响模具的制造周期及造价。因此，设计出工艺性好的零件图可以减少废品率，方便制造，降低模具成本，提高模具使用寿命。

目前大部分模具零件已标准化，可供设计时选用，这对简化模具设计，缩短设计、制造周期无疑有很大帮助。在生产中，标准件不需绘制，模具总装配图中的非标准模具零件均需绘制零件图。有些标准零件（如定、动模座）需补加工的地方太多，也要求画出，并标注加工部位的尺寸公差。非标准模具零件图应标注全部尺寸、公差、表面粗糙度、材料、热处理、技术要求等。

模具零件图是模具零件加工的依据，它应包括零件制造和检验的全部内容，因而设计时必须满足绘制模具零件图的要求，详见表 2-5。

2.5.16　模具制造、试模与图纸修改

模具图纸交付加工后，设计者的工作并未完结，设计者往往需要关注跟踪模具加工制造

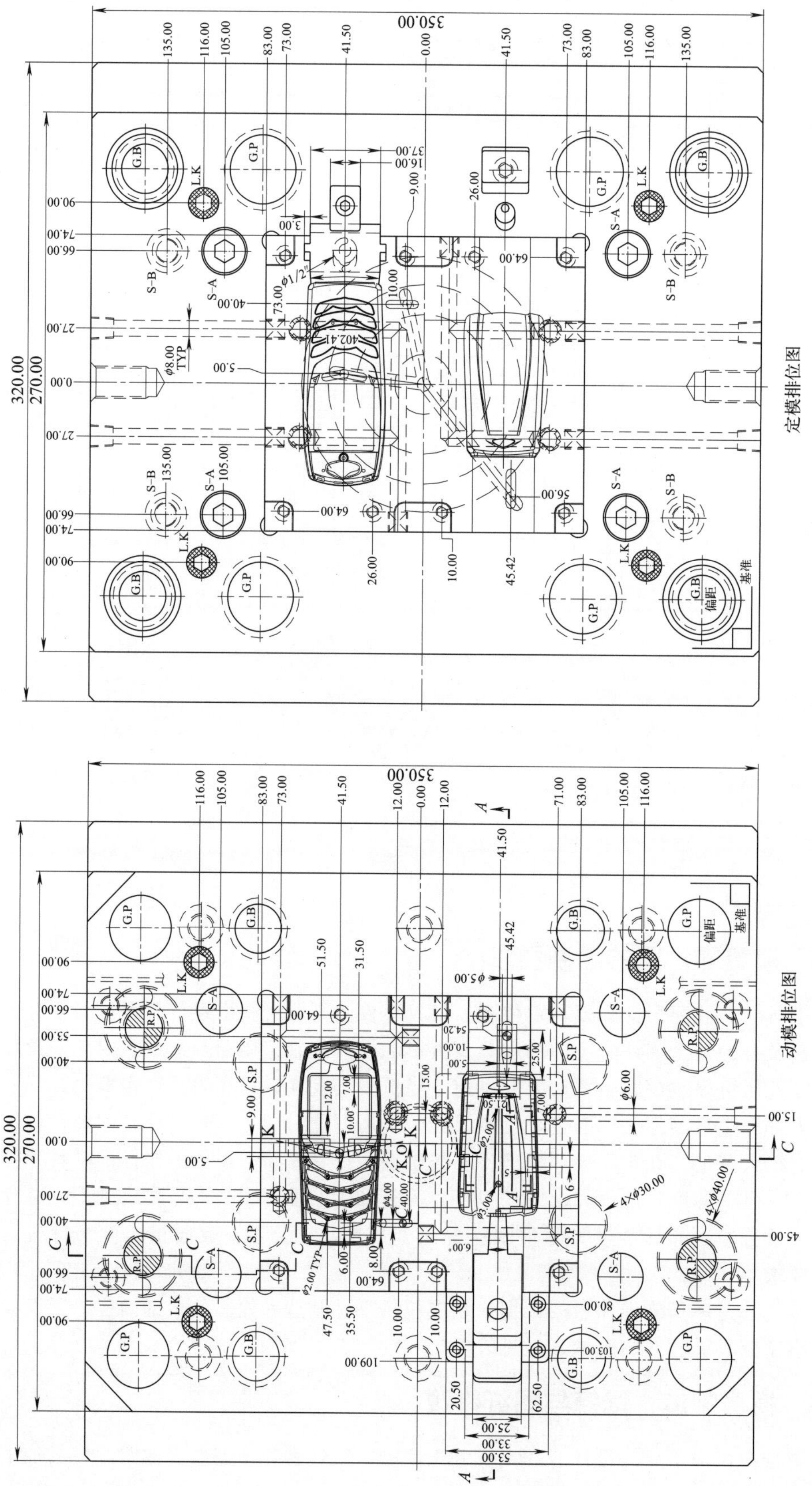

图 2-18　模具排位图尺寸标注

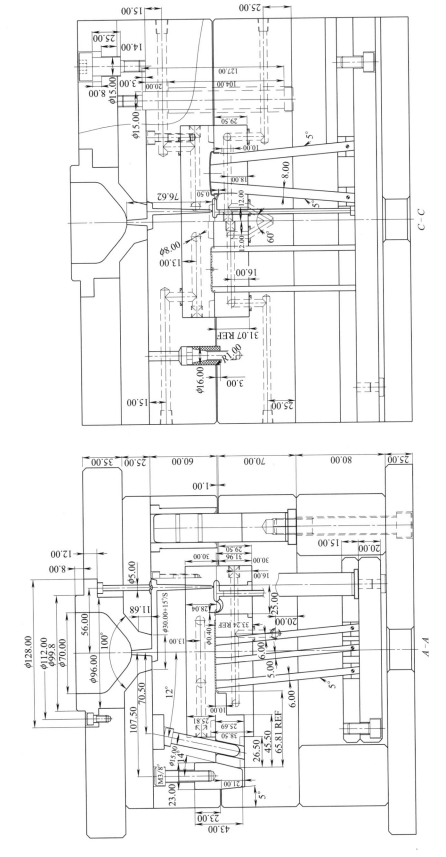

图 2-19 模具剖视图尺寸标注

表 2-5　模具零件图的绘制要求

项目	要求
正确而充分的视图	所选的视图应能充分而准确地表示出零件内部、外部的结构形状和尺寸大小,而且视图及剖视图等的数量应尽可能少
具备制造和检验数据	零件图中的尺寸是制造和检验零件的依据,故应慎重且细致地标注。尺寸既要完备,同时又不重复。在标注尺寸前,应研究零件的加工和检测的工艺过程,正确选定尺寸的基准面,做到设计、加工、检验基准统一,避免基准不重合造成的误差。零件图的方位应尽量按其在总装配图中的方位画出,不要任意旋转和颠倒,以防弄错,影响装配
标注加工尺寸公差及表面粗糙度	①所有的配合尺寸或精度要求较高的尺寸都应标注公差(包括表面形状及位置公差)。未注尺寸公差按 IT12 级制造,模具的工作零件(如型芯、型腔)的工作部分尺寸按计算值标注。模具零件在装配过程中的加工尺寸应标注在装配图上,当必须在零件图上标注时,应在有关尺寸近旁注明"配作""装配后加工"等字样或在技术要求中说明。因装配需要留有一定的装配余量,可在零件图上标注出装配链补偿量及装配后所要求的配合尺寸、公差和表面粗糙度等。两个相互对称的模具零件,一般应分别绘制图样,若绘在一张图样上,必须标明两个图样代号。模具零件的整体加工中,分切后尺寸成对或成组使用的零件,只要切后各部分形状相同,则视为一个零件,编一个图样代号,绘在一张图样上,以利于加工和管理。模具零件的整体加工中,分切后尺寸不同的零件,也可绘在一张图样上,但应用指引线标明不同的代号,并用表格列出代号、数量及质量 ②所有的加工表面都应注明表面粗糙度等级。零件表面粗糙度等级可根据对各个表面的工作要求及精度等级来确定
技术要求	凡是图样或符号不便于表示,而在制造时又必须保证的条件和要求都应注明在技术要求中。技术要求的内容随着不同的零件、不同的要求及不同的加工方法而不同。其中主要应注明: ①对材质的要求,如热处理方法及热处理表面所应达到的硬度等; ②表面处理、表面涂层以及表面修饰(如锐边倒钝、清砂)等要求; ③未注倒圆半径的说明,个别部位的修饰加工要求; ④其他特殊要求

全过程及试模修模过程,及时增补设计疏漏之处,更改设计不合理之处,或对模具加工厂方面不能满足的模具零件局部加工要求进行变通,直到试模完毕能生产出合格注塑件。图纸的修改应注意手续齐全和责任明确。

2.6　注塑模具中的公差与配合

2.6.1　注塑模具装配图中常用的公差与配合

注塑模具根据塑件精度要求、模具寿命以及模具零件的功能常采用 IT5~IT8 的公差精度等级,具体见表 2-6。

表 2-6　模具装配图上各零件配合公差及应用

常见配合	配合形式	公差代号与等级	
		一般模具	精密模具
①内模镶件与推杆、推管的配合 ②导柱与导套的配合 ③侧向抽芯滑块与滑块导向槽的配合 ④斜推杆与内模镶件导向槽的配合	配合间隙小,零件在工作中相对运动但能保证零件同心度或紧密性。一般工件的表面硬度比较高,表面粗糙度较小	H7/g6	H6/g5

常见配合	配合形式	公差代号与等级	
		一般模具	精密模具
内模镶件与定位销的配合	配合间隙小，能较好地对准中心，用于经常拆卸、对同心度有一定要求的零件	H7/h6	H6/h5
①模架与定位销的配合 ②齿轮与轴承的配合 ③内模镶件之间的配合 ④导柱、导套与模架的配合	过渡配合，应用于零件必须绝对紧密且不经常拆卸的地方，同心度好	H7/m6	H6/m5
推杆、复位杆与推杆板的配合	配合间隙大，能保证良好的润滑，允许在工作中发热	H8/f8	H7/f7

注：注塑模具各孔和各轴之间的位置公差代号分别为 JS 和 js，公差等级根据模具的精度等级取 IT5～IT8。

2.6.2 注塑模具成型尺寸公差

（1）模具尺寸分类

模具的尺寸按照模具构造的实际情况分为成型尺寸、装配尺寸、结构尺寸三种。其中，成型塑件或流道的成型表面有关的尺寸称为成型尺寸；与塑件或流道表面的夹线有关的尺寸称为装配尺寸；其他与成型塑件或流道无直接关系的各类形状或位置尺寸统称为结构尺寸。

（2）结构尺寸

① 结构尺寸的一般公差。普通模具和精密模具技术文件中结构尺寸的一般公差，包括线性尺寸和角度尺寸，按国标 GB/T 1804—2000《一般公差 未注公差的线性和角度尺寸的公差》中公差等级为精密等级执行，详见表2-7～表2-9。

表 2-7 一般公差的线性尺寸的极限偏差数值（参考国标 GB/T 1804—2000）单位：mm

公差等级	基本尺寸分段							
	0.5～3	>3～6	>6～30	>30～120	>120～400	>400～1000	>1000～2000	>2000～4000
精密 f	±0.05	±0.05	±0.1	±0.15	±0.2	±0.3	±0.5	—
中等 m	±0.1	±0.1	±0.2	±0.3	±0.5	±0.8	±1.2	±2
粗糙 c	±0.2	±0.3	±0.5	±0.8	±1.2	±2	±3	±4
最粗 v	—	±0.5	±1	±1.5	±2.5	±4	±6	±8

表 2-8 一般公差的倒圆半径和倒角高度尺寸的极限偏差数值（参考国标 GB/T 1804—2014）

单位：mm

公差等级	基本尺寸分段			
	0.5～3	>3～6	>6～30	>30
精密 f	±0.2	±0.5	±1	±2
中等 m	±0.2	±0.5	±1	±2
粗糙 c	±0.4	±1	±2	±4
最粗 v	±0.4	±1	±2	±4

注：倒圆半径和倒角高度的含义参见 GB/T 6403.4。

表 2-9　一般公差的角度尺寸的极限偏差数值（参考 GB/T 1804—2014）　单位：mm

公差等级	长度分段				
	～10	>10～50	>50～120	>120～400	>400
精密 f	±1°	±30′	±20′	±10′	±5′
中等 m					
粗糙 c	±1°30′	±1°	±30′	±15′	±10′
最粗 v	±3°	±2°	±1°	±30′	±20′

② 结构尺寸的标注偏差。结构尺寸的配合件为外购件时，其配合关系应在考虑模具要求和供应商提供的外购件的尺寸极限偏差的情况下，在符合成本及制造能力的范围内合理制定自制零件的尺寸公差范围（例如，销钉与销钉孔的配合）。

a. 结构尺寸为镶件配合。

对于普通模具和精密模具：

基本尺寸 $L \leqslant 18mm$ 时为 H8/h7；

基本尺寸 $18mm < L \leqslant 80mm$ 时为 H7/h6；

基本尺寸 $80mm < L \leqslant 500mm$ 时为 H6/h5。

b. 结构尺寸为滑动配合（例如，行位与行位压片、斜顶滑块与顶针板的配合）。

对于普通模具和精密模具：

基本尺寸 $L \leqslant 18mm$ 时为 H8/g7；

基本尺寸 $18mm < L \leqslant 50mm$ 时为 H7/g6；

基本尺寸 $50mm < L \leqslant 250mm$ 时为 H6/g5；

基本尺寸 $L > 250mm$ 时，采用配制配合，为 H6/g5 MF（先加工件为孔）。

（3）装配尺寸

装配尺寸的配合件为外购件时，其配合关系应在考虑模具要求和供应商提供的外构件的尺寸极限偏差的情况下，在符合成本及制造的范围内合理制定自制零件的尺寸公差范围（例如，顶针与顶针孔的配合）。

① 装配尺寸为镶件配合（例如，型芯与镶件的配合）。

普通模具：基本尺寸 $L \leqslant 50mm$ 时为 H7/js7；

基本尺寸 $50mm < L \leqslant 250mm$ 时为 H7/k6；

基本尺寸 $250mm < L \leqslant 630mm$ 时，采用配制配合，为 H6/h5 MF（先加工件为孔）。

精密模具：基本尺寸 $L \leqslant 30mm$ 时为 H7/js7；

基本尺寸 $30mm < L \leqslant 180mm$ 时为 H6/js6；

基本尺寸 $180mm < L \leqslant 400mm$ 时，采用配制配合，为 H6/h5 MF（先加工件为孔）。

② 装配尺寸为滑动配合（例如，镶件与斜顶、镶件与直顶的配合）。

普通模具：基本尺寸 $L \leqslant 10mm$ 时为 H7/g7；

基本尺寸 $10mm < L \leqslant 30mm$ 时为 H7/g6；

基本尺寸 $30mm < L \leqslant 50mm$ 时为 H6/g5；

基本尺寸 $50mm < L \leqslant 120mm$ 时，采用配制配合，为 H6/g5 MF（先加工件为孔）。

精密模具：基本尺寸 $L \leqslant 18mm$ 时为 H6/g6；

基本尺寸 18mm<L≤30mm 时为 H6/g5；

基本尺寸 30mm<L≤80mm 时，采用配制配合，为 H6/g5 MF（先加工件为孔）。

（4）成型尺寸

对于普通模具和精密模具的模具型腔成型尺寸，均要求按塑件上相应尺寸的中间值计算，以便在制造过程中按正、负方向波动，即型腔成型尺寸的公差值为成型塑件公差值的 1/3～1/2。型腔的下偏差为零，上偏差等于公差值；型芯的上偏差为零，下偏差为公差值的负值。

第3章

注塑模具2D结构设计

从事注塑模具设计必须具备两个技能，一个是会进行 2D 排位，另一个是会进行 3D 分模。2D 排位所使用的软件主要是 CAXA 和 Auto CAD。3D 分模所使用的软件主要是 ProE 和 UG。因为 UG 的编程功能比较好，所以 UG 在 3D 分模中的使用更为普及。一般要进行 3D 分模的模具通常都是要进行数控加工的，如果不需要进行数控加工，型腔比较简单的话，就可以不进行 3D 分模，因为 3D 分模最后还是要转到 2D 平面图，模具师傅在模具制造过程中所依据的图纸还是 2D 平面图。

下面讲解两套注塑模具的设计步骤和详细内容，第一套是鼠标面盖和底盖注塑模具，第二套是机壳注塑模具。其中，第一套模具是二板模，没有侧向抽芯机构，比较简单；第二套模具是三板模，有侧向抽芯机构，比较复杂。

3.1 鼠标面盖和底盖注塑模具设计

鼠标面盖和底盖零件图如图 3-1 和图 3-2 所示。

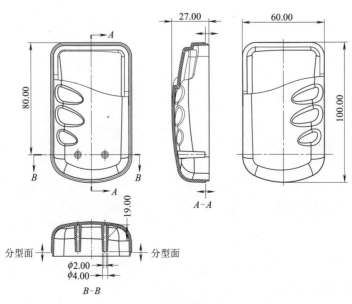

图 3-1 鼠标面盖零件图

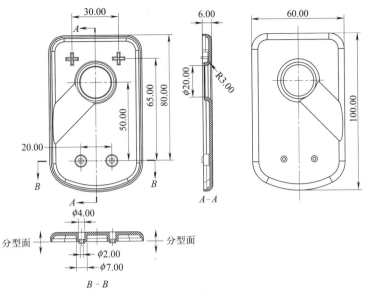

图 3-2 鼠标底盖零件图

3.1.1 塑件结构分析

① 塑件最大外形尺寸。面盖是 100mm×60mm×27mm，底盖是 100mm×60mm×27mm，都属于小型塑件。

② 确定分型线，即哪一部分由定模成型，哪一部分由动模成型。由分型线再确定分型面，由图 3-1、图 3-2 可知，鼠标面盖和底盖的分型面都是平面。

③ 分析浇注系统，确定浇口位置和数量。鼠标底盖、面盖的外表面都不允许有浇口痕迹，也不允许有熔接痕、顶白等成型缺陷，所以不允许采用点浇口，侧浇口也不能直接从表面进料，只能采用潜伏式浇口。根据该塑件大小，一个浇口就能满足要求。

④ 分析塑件结构有没有不合理的地方，比如壁厚有没有不均匀的地方，有没有脱模困难的地方等。通过分析，两个塑件都没有不合理的地方。

⑤ 两个塑件都有没有倒扣，不需要设计侧向抽芯机构。

⑥ 确定塑件的设计基准：高度方向的基准都在分型面上，宽度方向的基准是中间的对称线，长度方向的基准是两个螺柱的中心连线。为了使模具制造方便，模具排位时尽量以设计基准作为排位基准。

3.1.2 模具设计前的准备工作

① 打开 Auto CAD，建立新图名《鼠标注塑模具》，将该鼠标面盖和底盖的塑件的平面图插入。

② 建立新图层，包括型腔、型芯图层，冷却系统图层，推杆图层，中心线图层，虚线图层，尺寸线图层等，见图 3-4。

③ 将图纸缩放到 1∶1。

④ 将塑件图变成型芯、型腔图：

a. 型芯、型腔尺寸＝塑件尺寸×（1＋收缩率），例如 ABS 收缩率取 0.5％，则型芯、型

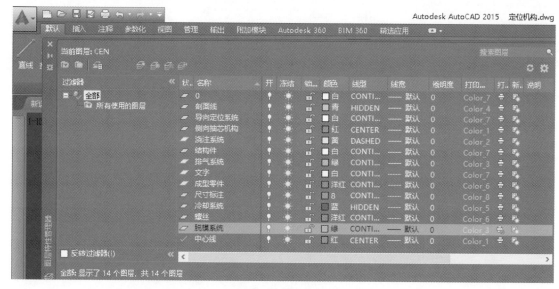

图 3-3　图层设置

腔尺寸等于塑件尺寸乘以 1.005；

　　b. 将塑件图镜射成型腔、型芯图，并更换成型零件图层。

3.1.3　成型零件设计

　　排位：确定型腔的摆放及相互之间的位置。

　　该模具一模四腔，成型两个鼠标面盖和两个鼠标底盖。为保证模具的温度平衡和压力平衡，鼠标面盖和底盖采用对角排位。成型零件大小首先应保证模具的刚性和寿命，再保证成本最低，可以采用计算法和经验法两种方法来确定成型零件的大小，在模具设计实践中大多采用经验法。根据成型塑件大小和高度，参考经验数字确定定模镶件大小为 290mm×210mm×45mm，动模镶件大小为 290mm×210mm×40mm，见图 3-4。

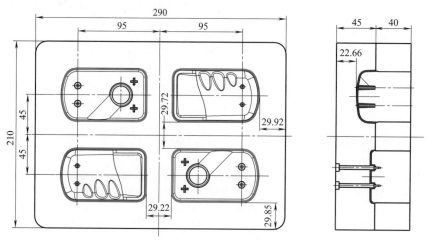

图 3-4　成型零件设计

　　设计图中型腔之间的钢材厚度不用标注，图 3-4 中标注钢材厚度是告诉读者型腔之间的位置尺寸和成型零件大小尺寸是怎么得到的。在设计过程中，型腔基准到模具中心线的尺寸一定要取整数，成型零件的长、宽尺寸尽量取 10 的倍数或者偶数，因为模具基准是中心线。成型零件的厚度一般取标准值，因为成型零件都是外购件，模具钢供应商对模架和成型零件厚度都已经标准化，标准有英制和公制两种。公制模具钢厚度标准值是 5 的倍数。

3.1.4 模架和浇注系统设计

（1）根据浇注系统确定模架的规格型号

鼠标外观要求很高，表面不允许有浇口痕迹，因此根据鼠标尺寸大小和形状特点，模具采用潜伏式浇口进料，模架采用二板模标准模架。

（2）根据成型零件大小确定模架大小

① 一般来说，在没有侧向抽芯机构的时候，模架长度和宽度等于成型零件长度和宽度加 80～140mm 左右，并取标准。其中小型模具加 80mm，中型模具加 100～120mm，大型模具加 120～140mm。

本模具成型零件长 290mm，宽 210mm，属于中型模具，模架宽度取标准值 330mm，模架长度取标准值 400mm。

② 确定定模 A 板和动模 B 板厚度。鼠标定模镶件厚 45mm，动模镶件厚 40mm。如果有定模固定板的话，定模 A 板的厚度通常在定模镶件厚度的基础上加 20～30mm；如果没有定模固定板（在 A 板侧面开码模槽），则定模 A 板的厚度通常在定模镶件厚度的基础上加 30～40mm。本模具采用有定模固定板的模架，A 板厚度取 70mm。

动模 B 板的厚度除了要考虑动模镶件的厚度，还要考虑动模镶件的长、宽尺寸，因为动模侧有一个很大的空间，必须保证动模在强大的注射压力下不会变形。本模具综合考虑动模镶件的长、宽、高尺寸，参考经验值，动模 B 板厚度取 80mm。

鼠标注塑模具模架规格型号为 3340-A70-B80，详见图 3-5。

（3）浇注系统设计

模具采用潜伏式浇口，塑料熔体通过 $\phi2.5$mm 的推杆孔进入型腔。潜伏式浇口各个参数需根据国家相关标准和本模具的大小确定，详见图 3-5。

3.1.5 脱模系统和温度控制系统设计

模具设计过程中，一定要防止冷却水孔和推杆孔或推管孔干涉而漏水。因此脱模系

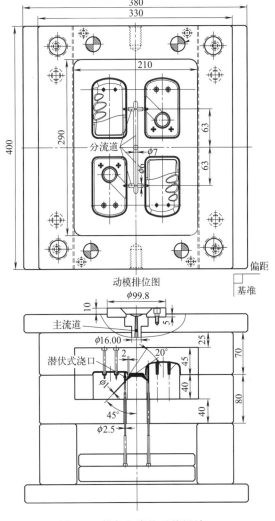

图 3-5 模架和浇注系统设计

统和温度控制系统设计必须同时进行，正确的做法是，在必须加推杆或推管的地方（如果此处不加推杆或推管，成型塑件就无法脱模）设计推杆或推管，对于推杆位置有一定灵活性的地方，则暂不设计脱模系统，先设计温度控制系统，温度控制系统设计完成后再设计脱模系统。鼠标注塑模具的脱模系统由推杆和推管组成，其中面盖的两个螺柱由于高度尺寸较大必须采用推管（俗称司筒）推出。根据螺柱的大小，推管的规格型号为 $\phi 4mm \times \phi 2mm \times 155mm$，数量四支；推杆规格型号为 $\phi 6mm \times 200mm$，数量 26 支，位置见图 3-6。

鼠标注塑模具的温度控制系统采用"直通式水管和隔片式水井"组合形式，其中直通式水管直径为 6.5mm，隔片式水井直径为 20mm，位置详见图 3-6。

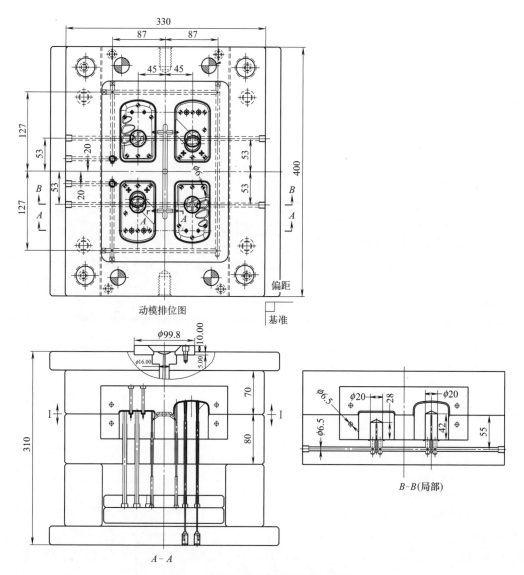

图 3-6 脱模系统和温度控制系统设计

3.1.6 绘制定模排位图、设计导向定位系统

定模排位图和动模排位图的镶件、型芯和型腔位置是对称的，因此当动模排位图完成以

后就很容易绘制定模排位图。对于鼠标注塑模具来说，将动模的镶件、分流道、镶件上直通式冷却水管以及型芯和型腔的中心线位置镜射到定模 A 板中就可以，然后再将型腔图补上，见图 3-7。

鼠标注塑模具的导向系统包括动、定模之间的导柱、导套，以及推杆固定板上的导柱、导套。导柱、导套之间的配合为基孔制间隙配合。定位系统采用四组锥面定位块，详见图 3-7。

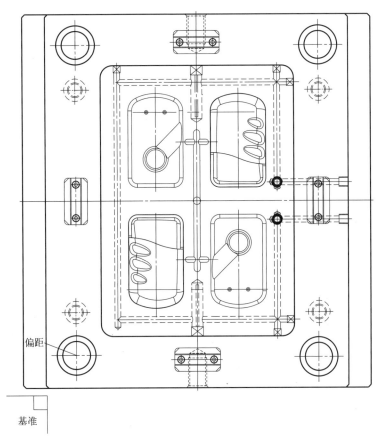

图 3-7　定模排位图

3.1.7　排气系统设计、其他结构件设计、尺寸标注

最后设计排气系统，设计螺钉、复位弹簧和垃圾钉等结构件，标注尺寸，标注零件序号，填写标题栏、明细表和技术要求等，见图 3-8。

注塑模具工作过程：ABS 熔体由浇口套 5 中的主流道进入动模镶件和定模镶件之间的分流道，最后由潜伏式浇口进入模具型腔。熔体在型腔中填满后，保压、冷却、固化。当成型塑件固化至具有足够刚性后，注塑机拉动动模固定板 10，模具从分型面Ⅰ处打开。为保证成型塑件安全顺利取出，根据鼠标面盖高度，打开距离取 100mm，由注塑机控制。完成开模行程后，注塑机顶棍通过动模固定板中的 K.O 孔推动推杆底板 17，进而推动推杆 18、19 以及推管 15，将成型塑件安全无损坏地推离动模型芯。模具接着进行下一次注射成型。

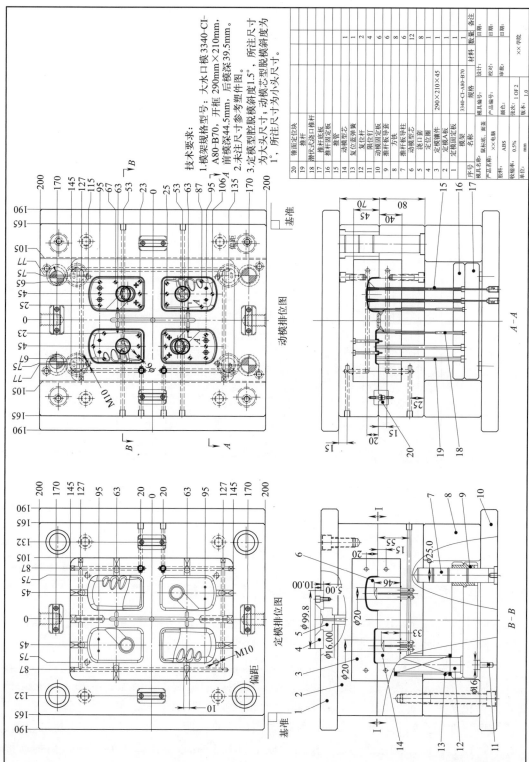

技术要求：

1.模架规格型号：大水口模 3340-CI-A80-B70，开框 290mm×210mm，前模深44.5mm，后模深39.5mm。

2.未注尺寸参考塑件图。

3.定模型腔脱模斜度1.5°，所注尺寸为大头尺寸；动模芯型脱模斜度为1°，所注尺寸为小头尺寸。

动模排位图

定模排位图

A – A

B – B

图 3-8 鼠标注塑模具装配图

20	端面定位块		1	
19	推杆		1	
18	潜伏式浇口推杆		2	
17	推杆底板		4	
16	推杆固定板		6	
15	推管		6	
14	动模型芯		6	
13	复位弹簧		12	
12	复位杆		1	
11	限位钉		1	
10	动模固定板		1	
9	推杆板导套		8	
8	方铁		8	
7	推杆板导柱		6	
6	动模型芯		6	
5	浇口套		1	
4	定位圈		1	
3	定模镶件	290×210×45	1	
2	定模A板		1	
1	定模固定板		1	
序号	名称	规格	数量	备注

模具名称	鼠标模		模型		设计：		日期：
模具.名称	鼠标底、面盖		模具编号：		校对：		日期：
产品名称	××电脑		产品编号：3340-CI-A80-B70			
材料	ABS	颜色：		张次：1 OF 2		审批：	日期：
缩水率	0.5%	单位：mm	收缩率：	版本：1.0		××学院	

3.2　机壳注塑模具设计

3.2.1　塑件结构分析

图 3-9 所示塑件为某收音机的中盖，材料为 ABS，收缩率为 0.5%，颜色为黑色。其立体图见图 3-10。

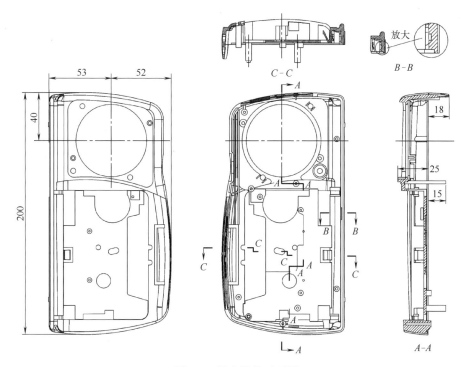

图 3-9　机壳塑件平面图

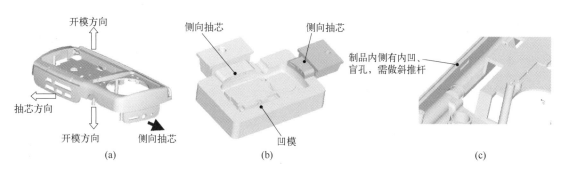

(a)　　　　　　　　　　(b)　　　　　　　　　　(c)

图 3-10　塑件立体图及脱模分析

该塑件结构较为复杂，最大外形尺寸为 200mm×105mm×43mm，塑件外侧面有两处倒扣，内侧面有一处倒扣，因此模具必须设计侧向抽芯机构。

一模生产一件塑件，由于塑件尺寸较大，本模采用点浇口，三点进料，三板模架。模具要设计定距分型机构。

塑件分型面分析：除两处侧向抽芯外，其余分型面均为平面，天地模结构。

3.2.2 模具设计前的准备工作

① 打开 Auto CAD，建立新图名《SHEEL》，将该塑件的平面图插入。

② 建立新图层，包括尺寸线图层，冷却水图层，推杆图层，型腔、型芯图层，中心线图层，虚线图层，等等。

③ 将图纸缩放到 1∶1。

④ 将塑件图变成型芯、型腔图：

a. 型腔、型芯尺寸＝塑件尺寸×(1＋收缩率)，例如 ABS 收缩率取 0.5%，则型芯、型腔尺寸等于塑件尺寸乘以 1.005；

b. 将塑件图镜射成型腔、型芯图，并更换成型腔、型芯图层。

3.2.3 排位，确定内模镶件的大小

由于动模镶件结构复杂，零件较多，模具设计通常从动模镶件设计开始。根据塑件的尺寸，以及第 7 章中表 7-3 和表 7-4，确定定模镶件大小为 260mm×166mm×50mm，动模镶件大小为 260mm×166mm×40mm，见图 3-11。

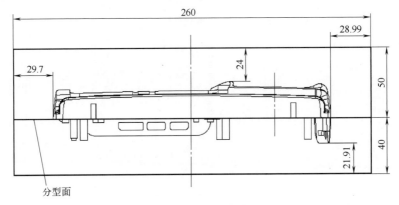

图 3-11 动、定模镶件设计

确定镶件的镶接方式、镶件厚度。本模镶件镶通，镶件多处要碰穿、插穿。

3.2.4 侧向抽芯机构设计

（1）设计外侧侧向抽芯机构

外侧抽芯采用"滑块＋斜导柱"侧向抽芯机构。

① 滑块抽芯距 S 的确定：侧孔为通孔，最小抽芯距离等于壁厚，约 2mm，由于侧面抽芯面积较大，为脱模方便，取安全距离 8mm，即滑块抽芯距离为 10mm。

② 斜导柱倾斜角度 α 的确定：根据侧向抽芯的面积，滑块高度取 48mm，用作图法求得斜导柱倾斜角度为 12°，由于斜导柱前端为半球状，为无效长度，滑块斜孔孔口又有 $R=2mm$ 的圆角，根据经验，通常在作图法求得的角度的基础上再加 5°～6°，本例加 6°，斜导柱倾斜角度取 18°，见图 3-12。

③ 另外一个侧向抽芯机构设计方法相同。

④ 由于侧向抽芯机构要承受较大的胀形力的作用，故楔紧块在合模后插入动模板，以防止滑块后退。

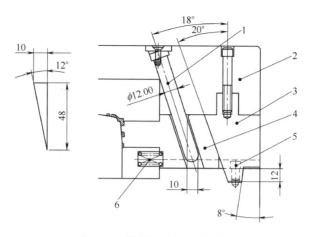

图 3-12　侧向抽芯机构的设计

1—斜导柱；2—B板；3—楔紧块；4—滑块；5—挡销；6—弹簧

（2）设计斜推杆侧向抽芯机构

塑件存在内侧倒扣（10mm×2mm×1mm）时，由于内侧倒扣较浅，深度只有 1mm，且内侧空间较小，只能采用斜推杆侧向抽芯机构。斜推杆抽芯距取 5mm，塑件推出高度为 35mm，用作图法求得斜推杆倾斜角度为 8°。为使斜推杆在推出时稳定可靠，设计斜推杆导向底座 5 和辅助导向块 4（见图 3-13）。

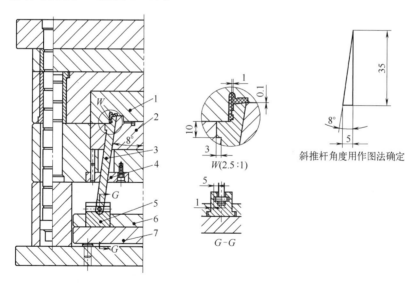

斜推杆角度用作图法确定

图 3-13　斜推杆侧向抽芯机构的设计

1—凹模；2—凸模；3—斜推杆；4—辅助导向块；5—斜推杆导向底座；

6—推件固定板；7—推杆底板

3.2.5　模架设计

根据镶件及侧向抽芯机构确定模架大小。根据以上设计确定采用龙记三板模模架：3545-DCI-A80-B90-300-O。调入模架图，将排位图插入动模视图及定模视图。完善动、定模侧向抽芯机构的视图（用弹簧加挡块定位），如图 3-14 所示。

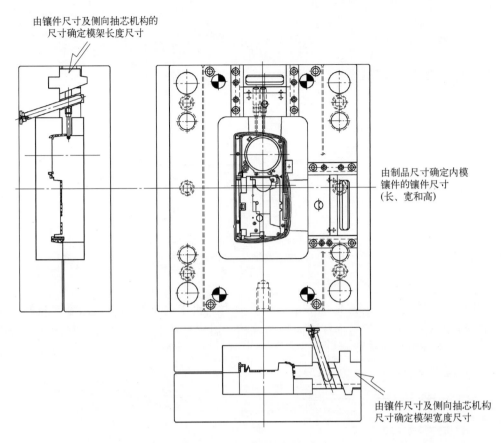

由镶件尺寸及侧向抽芯机构的
尺寸确定模架长度尺寸

由制品尺寸确定内模
镶件的镶件尺寸
(长、宽和高)

由镶件尺寸及侧向抽芯机构
尺寸确定模架宽度尺寸

图 3-14　设计镶件和模架大小

3.2.6　设计浇注系统

　　本塑件结构复杂，碰穿孔较多，熔体流动阻力大，需要多点进料，故采用点浇口，根据塑件大小、结构和 ABS 的流长比，点浇口数量取 3 个。浇注系统立体图及平面剖视图见图 3-15。

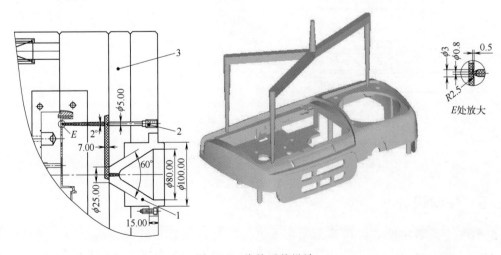

图 3-15　浇注系统设计
1—浇口套；2—拉料杆；3—脱料板

3.2.7 冷却系统设计

本模具主要采用水管冷却，水管直径为 8mm。另外，因动模的内模镶件较大，是本模具冷却的重点，故采用两个水井冷却，水井直径为 30mm（见图 3-16）。

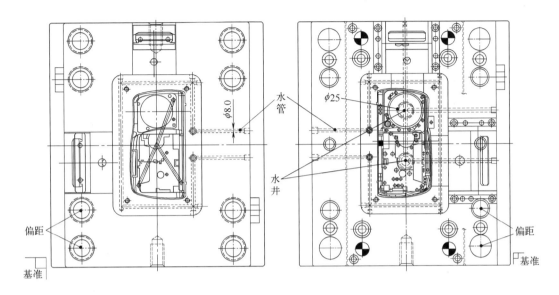

图 3-16　冷却系统设计

3.2.8 脱模系统设计

本模具主要推出零件为推杆，但有 2 个空心螺柱需要用推管推出（见图 3-17）。

3.2.9 导向定位系统设计

本模具采用龙记标准模架，导向系统均为标准件。因侧向抽芯机构不对称，需增加四个边锁或在分型面上加锥面定位，以提高动、定模的定位精度和整体刚度。

3.2.10 排气系统设计

由于采用点浇口，本模具主要排气的地方在分型面上，排气槽开在定模型腔部位。由于困气位置难以确定，因此设计时不画出排气槽位置，试模后根据实际情况再加工排气槽，排气槽深度不超过 0.03mm，宽度 10mm。

3.2.11 其他结构件设计、尺寸标注等

① 定距分型机构设计：本模具定距分型机构采用外置式，以方便维修，见图 3-18。
② 本模具设计四支承柱，四支复位弹簧。
③ 本模具设计两支推件固定板导柱，以提高推件活动精度和稳定性。
④ 标注尺寸（略）。
⑤ 调入图框，填写标题栏和技术要求（略）。
⑥ 填写明细栏（略）。

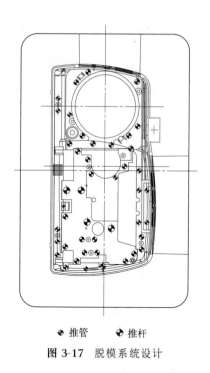

● 推管   ● 推杆

图 3-17　脱模系统设计

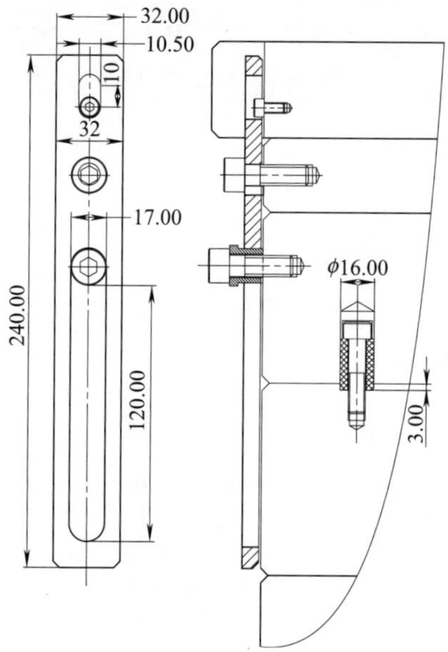

图 3-18　定距分型机构设计

3.2.12　机壳注塑模具装配图

机壳注塑模具装配立体图见图 3-19，装配图见图 3-20。

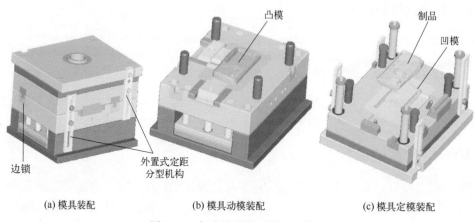

(a) 模具装配　　　　　　　(b) 模具动模装配　　　　　　(c) 模具定模装配

图 3-19　机壳注塑模具装配立体图

3.2.13　机壳注塑模具工作过程

① 塑料熔体通过点浇口浇注系统进入模具型腔。

② 熔体填满型腔后，保压、冷却、固化。

③ 当成型塑件固化至足够刚性后，注塑机拉动动模开模：

a. 在定距分型机构尼龙塞 7 的作用下，模具先从分型面 I 处打开，打开距离 120mm（浇注系统凝料总高度＋20～30mm），由拉条 5 控制。

b. 模具继续打开，由于成型塑件对模具黏附力的作用，模具再从分型面 II 处打开，打

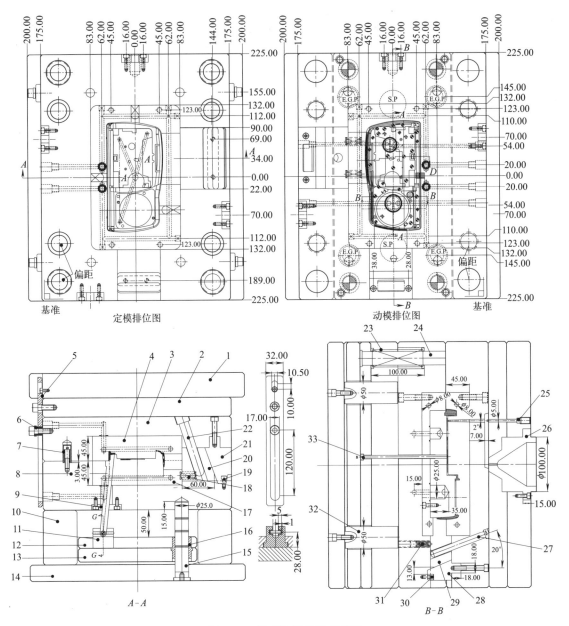

图 3-20 机壳注塑模具装配图

1—定模固定板；2—脱料板；3—定模 A 板；4—定模镶件；5—拉条；6—限位螺钉；7—尼龙塞；8—斜推杆；
9—导向块；10—方铁；11—斜推杆底座；12—推件固定板；13—推件底板；14—动模固定板；15—导柱；
16—导套；17—动模镶件；18—滑块定位弹簧；19—挡销；20、29—滑块；21—楔紧块；22、27—斜推杆；
23—复位弹簧；24—复位杆；25—拉料杆；26—浇口套；28—楔紧块；30—挡销；31—定位珠；32—撑柱；33—推杆

开距离 10mm，由拉条 5 控制。

  c. 最后模具从分型面Ⅲ处打开，打开距离 120mm（保证成型塑件安全顺利脱模），由注塑机控制。在分型面Ⅲ打开过程中，斜推杆 22、27 分别拨动滑块 20、29 进行侧向抽芯。

  d. 完成开模行程后，注塑机顶棍通过动模固定板中的 K.O 孔推动推件固定板 12，进而推动推杆 33 和斜推杆 8，一边进行内侧抽芯，一边将成型塑件推离模具，至此，模具完成一次注射成型。

e. 合模，模具可用于下一次注射成型教学。

机壳注塑模具开模立体图见图 3-21。

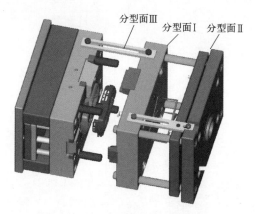

图 3-21 机壳注塑模具开模立体图

第4章

注塑模具三维数字化设计

4.1 NX 基本环境设置及燕秀外挂

注塑模具三维数字化设计简称为"全 3D 设计"，常用软件有 SIEMENS NX、CATIA、CREO，目前在我国最常用的是 SIEMENS NX。本节着重介绍 NX12 在模具设计中的运用，学会基本环境设置是运用软件的前提，下面将重点介绍角色和快捷键两个环境因素。

4.1.1 NX12 基本环境设置

基本绘图环境包括工作界面和快捷键及快捷菜单等项，可用角色文件来控制，格式如：NX12. mtx。可以通过创建角色文件来输出当前绘图环境，也可以通过加载其他角色文件来改变当前绘图环境。

（1）NX12 角色的创建与加载

① 创建角色：菜单❶→首选项❷→用户界面❸→角色❹→新建角色❺→在弹出的"新建角色文件"对话框❼中指定角色路径→输入文件名❽→点击"OK"，将角色文件存档，默认文件的格式是".mtx"❾，见图 4-1。

图 4-1 创建和加载角色文件

② 加载角色：菜单❶→首选项❷→用户界面❸→角色❹→加载角色❻→在弹出的"打开角色文件"对话框中选择角色文件❿→点击"OK"，见图4-2。

图 4-2　加载角色文件、创建角色工具按钮

③ 创建角色工具按钮：点击资源条上角色选项卡⓫→弹出角色页面，点开"内容"⓬→弹出NX中的高级角色、基本功能角色，这两个角色是建模角色。CAM高级功能角色和CAM基本功能角色，这两个角色是加工角色，为NX自带的角色，一般很少使用，只有NX恢复原始设置时用到。

（2）NX快捷键设置

① NX快捷键包括NX原始快捷键和自定义快捷键。打开菜单后，在最后一级子菜单之后方框中的字母或字母组合，就是该命令的快捷键。例如：菜单→插入→组合→合并，"合并"的快捷键是"U"。快捷键设置要在建模状态下进行。

② 快捷键设置：Ctrl＋N→创建一个文件NX01→Ctrl＋M→进入建模状态→Ctrl＋1→进入"定制"对话框❶→"命令"选项卡❷→键盘❸→弹出"定制键盘"对话框，在此对话框中能设置各种命令的快捷键，见图4-3。

③ 例如，设置"拉伸"的快捷键：菜单→设计特征❹→拉伸❺→输入"X"❻→选择"全局"❾→指派❽→"当前键"方框中会显示已生成的快捷键 ⚫✕❼→关闭❿（说明：如果指派时出现与其他快捷键冲突，则可改"全局"❾为"仅应用模块"试一下）。

④ "定制键盘"介绍：

a. "类别"中有"选择"和"菜单"两类命令；

b. "当前键"显示已选中命令的"快捷键"，如果此命令没有设置快捷键，此处会显示空白；

c. "命令"显示当前选中的命令详情；

d. "按新的快捷键"中可输入字母或字母组合，然后在下方"使用新的快捷键"中点"指派"，生成新的快捷键；

e. "移除"可删除现有的快捷键；

f. "重置"则可删除所有用户自定义的快捷键，恢复成NX安装初始状态，只有NX自

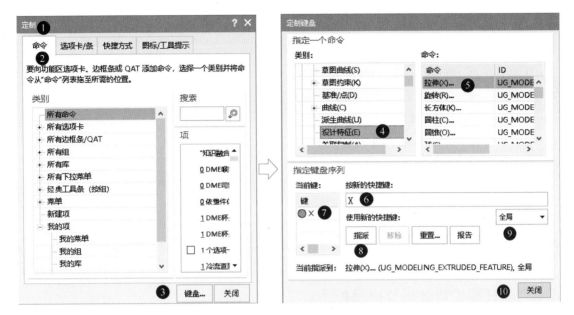

图 4-3　NX 快捷键设置

带快捷键，如 "Ctrl＋N""Ctrl＋B" 等；

　　g. 快捷键的使用范围有 "全局" 和 "仅应用模块" 两种，如果在 "全局" 状态指派时，显示与其他快捷键冲突，则可改为 "仅应用模块" 试一试。

4.1.2　燕秀 UG 模具外挂

　　模具设计离不开外挂，目前燕秀塑模设计外挂是最常用的一款。这个外挂由燕秀工作室开发，燕秀官网免费提供软件下载、安装和使用视频教程下载，设计师常用的有燕秀 UG 模具外挂❶和燕秀工具箱 Auto CAD❷（见图 4-4）。

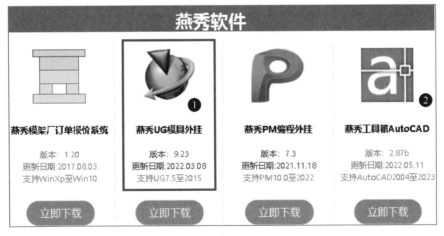

图 4-4　燕秀官网软件下载

　　本章以燕秀外挂为例进行讲解，由于该软件厂商为广东地区厂商，软件中所用部分术语受港（台）地区影响与内地（大陆）有所不同，相关术语对照见 7.16 节。本章正文中所用术语与软件中统一。

地址：http：//www.yxcax.com/

（1）支持的 UG 版本

该外挂支持 NX7.5 至最新 NX1946 版本（含 32 位和 64 位）。不支持 NX4.0 或 NX6.0，所以不要使用低于 NX8.0 的版本！

（2）安装方法

① 安装前请退出杀毒软件。

② 运行"1.安装燕秀 UG 模具外挂"文件夹里面的"YX.Setup.exe"安装，并选择安装路径，不要改变默认路径。

③ 安装程序会自动把菜单加载到 UG 中，打开 UG 就有菜单。

④ 如果提示安装失败，请用右键管理员身份运行"YX.Setup.exe"安装。

4.2 两板模设计实例

4.2.1 开模资料分析及产品处理

（1）开模资料

开模资料概括了模具的主要信息和客户的技术要求。下面是 MOLD1 工厂的简易开模明细表，见表 4-1。开模表主要包括产品材料、收缩率、进胶方法、进胶位置、穴数等重要信息。

表 4-1 MOLD1 开模明细表

模号	模具名称	产品简图	穴数	进胶方式	塑胶材料	质量	周期
PO1748	电热水壶 开盖按钮		1×4	大水口搭 底进胶	PP 15/1000	100t	20s

（2）产品分析

对产品进行开模方向的拔模分析和胶厚分析。

① 产品斜率分析 ：菜单→分析→形状→斜率，弹出"斜率分析"对话框→选择面（框选整个产品）→指定矢量+Z→数据范围为−1～+1，见图 4-5。图中比色条显示各斜率对应的颜色，根据产品的颜色可知其斜率，其中绿色面与开模方向夹角为 0°，为垂直面，通常要做拔模处理。

② 拔模 ：插入→细节特征→拔模（Shift+A）→弹出"拔模"对话框→边拔模❶→−ZC 方向❷→拔模角 1°❸→选中箭头所指的 8 条边→确定，见图 4-6。

③ 胶厚分析 ：菜单→分析→模具部件分析→检查壁厚→弹出"检查壁厚"对话框→选择体❹→计算厚度❺，图中比色条显示各厚度值对应的颜色，根据产品的颜色可知各部位厚度，其中红色面表示最厚区域，蓝色面表示最薄区域。太厚的区域由于胶料收缩可能引起表面缩痕，太薄的区域又会填充困难，所以红色区域和蓝色区域是设计师要特别注意的地方，见图 4-6。

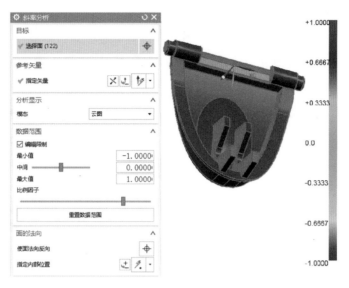

图 4-5 产品斜率分析

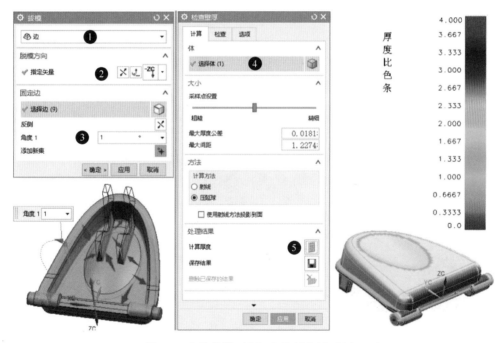

图 4-6 产品拔模（左）和胶厚分析（右）

4.2.2 分模

（1）设定产品基准

产品基准指标注产品图时 X、Y、Z 三个方向的尺寸起始点。X 方向或 Y 方向的基准优先选产品的对称轴，Z 方向优先选产品中起定位用作的柱子、管子的平端面，或者产品上水平的特征面，三个产品基准平面会交于一点，称为基准点。分模前把产品从基准点移到绝对坐标零点，再设置收缩。

（2）产品去参数

插入→编辑→特征→移除参数（Q)→弹出"移除参数"对话框❶→选择对象❷→确定
❸→在弹出的对话框中选"是"❹，即完成产品去参数，模型树上的图标变成
体(0)❺，见图 4-7。

图 4-7　去除特征参数

（3）移动对象

将产品从基准点移动到绝对坐标原点：插入→编辑→变换（Ctrl＋T）→弹出"移动对
象"对话框→选择产品作为移动对象❶→"运动"中选"点到点"❷→出发点选产品基准点
❸→目标点选绝对坐标原点❹→选"移动原先的"→"距离/角度分割"后输入"1"❻→确
定，见图 4-8。

注意：此时如果屏幕上产品不见了或缩得太小，按"Ctrl＋F"（全屏显示）即可显示屏
幕上所有的对象。

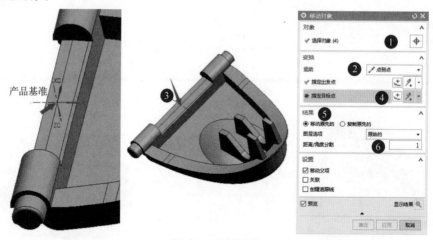

图 4-8　移动对象

（4）产品放收缩率（变换）

插入→编辑→变换（Ctrl＋R）→进入"变换"对话框→选择对象（选产品）→比例❶→
选绝对坐标原点作为缩放原点❷→确定→在弹出的输入框中输入"1.0150"❸→确定→移动
❹→取消❺，完成产品收缩（PP 的收缩率是 1.5%），见图 4-9。

（5）分型面设计

分型面是能将型腔分成两块或多块的一个曲面或多个曲面的统称。

① 扩大面：编辑→曲面→扩大（Ctrl＋3)→选择面❶→按图 4-10 所示百分比设为
0→"应用"→再依次选择面❷❸同上操作进行扩大。

图 4-9 变换

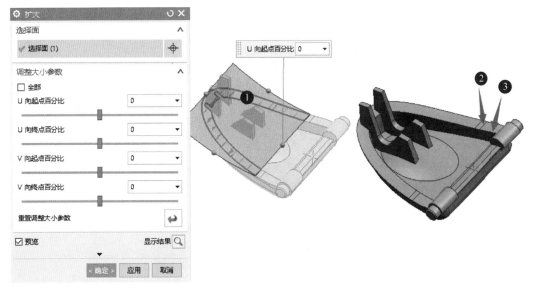

图 4-10 扩大面

② 延伸面: 插入→修剪→延伸片体（Z）→选择边❶❷❸❹偏置 30mm→"应用"→再选择边❺❻偏置 60mm→"应用"→得到 A 面，选择边❼偏置 30mm→"应用"→选择边❽延伸 8mm→"应用"→得到 B 面，见图 4-11。

③ 拉伸面: 插入→设计特征→拉伸（X）→上边框条如❶❷设置→选择边❸→沿 YC 方向拉伸 30mm→"确定"→得到 C 面，见图 4-12。

④ 缝合面: 插入→组合→缝合（F）→选❶面作为目标面→选❷面作为工具面→"确定"，见图 4-13。

⑤ 实体与片体求差: 插入→组合→减去（Shift＋S）→高亮显示片体工具❶→选面为目标体❷→选产品为工具体❸→"保存工具"处打"√"❹→"确定"❺，见图 4-14。

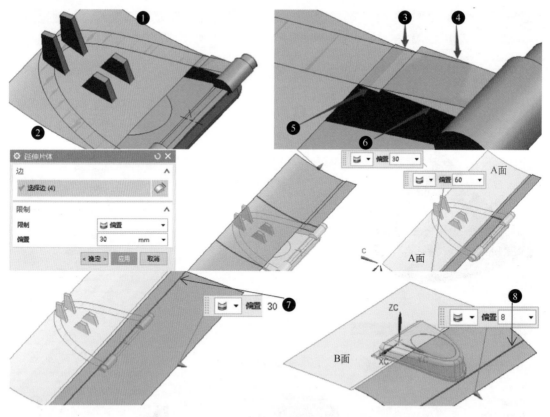

图 4-11　延伸面

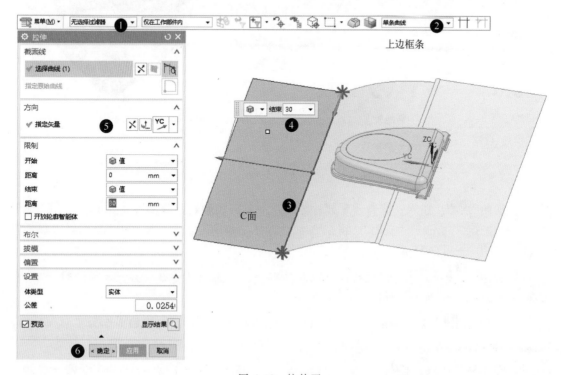

图 4-12　拉伸面

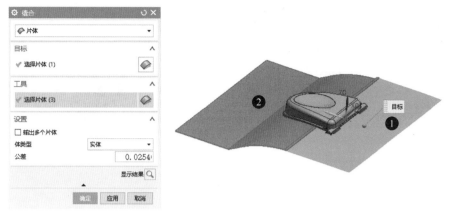

图 4-13　缝合面

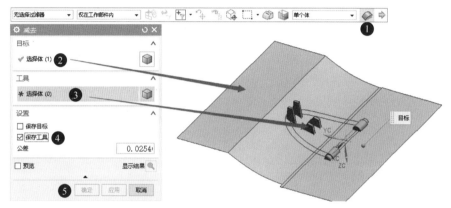

图 4-14　实体与片体求差

⑥ 移动到图层 ⬢：格式→移动到图层（Ctrl＋←）→选择片体❶→"确定"→弹出"图层移动"对话框→输入"255"❷→"确定"❸，片体❶就移动到了 255 层→同上方法将产品移动到 5 层，见图 4-15。

图 4-15　移动到图层

⑦ 图层设置 🗄：格式→图层设置（Ctrl＋L）→1 层设为工作层❶→5 层前面打"√"❷，107、255 层前面取消"√"❸→"关闭"，见图 4-16。

（6）分割定模（前模）、动模（后模）仁

① 包容体：燕秀 UG 模具❶→包容体❷→包容块❸→选择"体"❹→选择对象❺→选择"相对坐标"❻→选择"单边"❼→"默认间隙"输入 20mm❽→"确定"❾，见图 4-17。

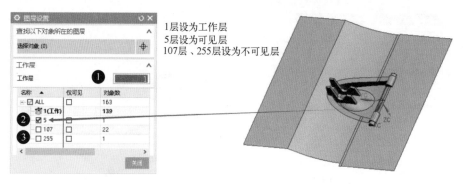

1层设为工作层
5层设为可见层
107层、255层设为不可见层

图 4-16　图层设置

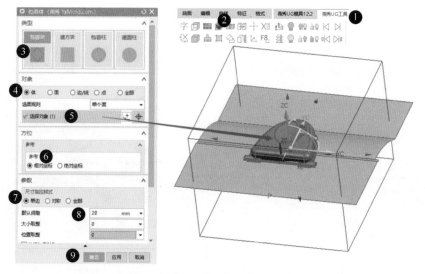

图 4-17　包容体设置

② 分模：用产品❸去减包容体❷得到"腔体"❹→高亮设置片体图标❶→用片体❺去减"腔体"❹→得到前模型腔（cavity）和后模型芯（core）。将前模型腔及片体❺移至 255 层（垃圾层）并关闭图层，再将动模（又称后模）型芯移到 20 层（动模模仁层），见图 4-18。

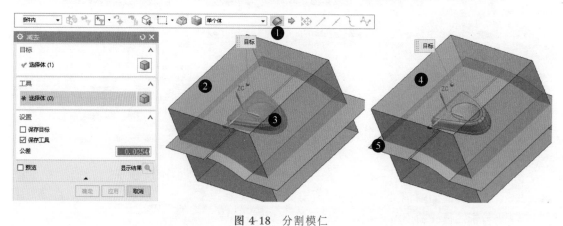

图 4-18　分割模仁

③ 去产品和动模模仁参数。

（7）排位

一模多腔的产品要进行合理排列，长宽均在 100mm 以下的平板产品间距一般做到 20～30mm，如果产品中间开设流道，则需加上流道直径。产品的间距尽量取整数。

① 平移和旋转。

a. 平移⌷：插入→编辑→移动对象（Ctrl＋T）→将产品和动模模仁沿 X 方向平移 60mm 进行复制，得到如图 4-19 所示高亮显示的模仁和产品；

b. 旋转⌷：插入→编辑→移动对象（Ctrl＋T）→弹出"移动对象"对话框→选择对象（上一步生成的模仁和产品）❶→角度❷→"ZC↑"❸→指定轴点❹→进入"点"对话框❺ 输入 X 值（30mm）、Y 值（－17.5mm）→确定→回到"移动对象"→输入角度"180" ❼→选"复制原先的"❽→输入"1"❾→输入"1"❿→"确定"，见图 4-19。

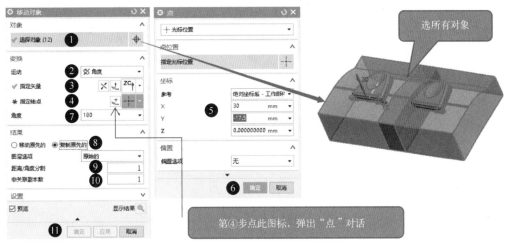

图 4-19　平移和旋转

② 生成动模。合并⌷：插入→组合→合并（U）→选目标体❶→选另外 3 块为工具体 ❷→"确定"❸→得到整块动模（后模）❹，见图 4-20。

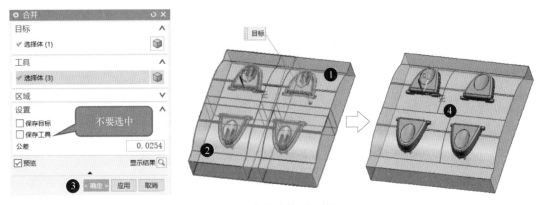

图 4-20　生成动模（后模）

4.2.3　模仁设计

一模多腔的模具排位时，长和宽均小于 80mm 的产品被划分为小型产品。通常这类产品之间的最小距离设置为 20～25mm；产品边缘到模仁侧边最小距离设置为 25～35mm；产品基准间距及产品基准到模具中心距离都必须是整数；模仁长和宽也必须是整数（尾数为10、5、0）。

（1）动模模仁设计

① 优化分型面：插入→同步建模→优化→优化面→选择面❶→选择高亮显示的面❷→"确定"❸→得到如图 4-21 所示光顺曲面。

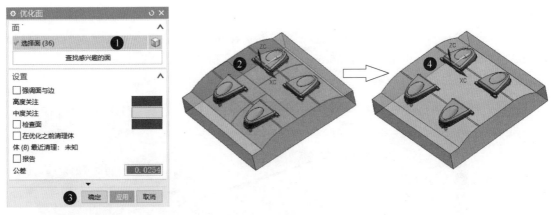

图 4-21　优化分型面

② 替换面：插入→同步建模→替换面→选择原始面❶→选择替换面❷→输入"－10"❸→"确定"❹，使得两个分型面高度差为整数 10，此时得到的弧面封胶位长度为 7.2037mm❺，刚好能满足封胶需要（模具的封胶面配合长度一般为 5～10mm）→整体去参数，见图 4-22。

注意：在移动一个或者多个特征之前，必须先行去参数，否则参数会影响到其他特征。

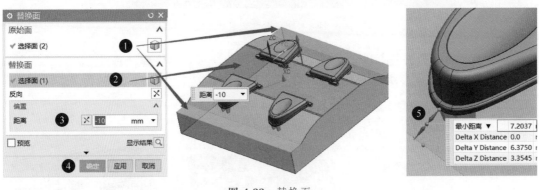

图 4-22　替换面

③ 移动模仁中心到绝对原点：插入→编辑→变换（Ctrl＋T）→选择整个图形❶→按图 4-23 所示输入数值❷→选择"移动原先的"❸→"确定"❹，见图 4-23。

④ 偏置面：插入→同步建模→偏置区域（O）→选择如图 4-24 所示 4 个侧面❶→输入"10"❷→"确定"❸，见图 4-24。

⑤ 修剪体（调整模仁长、宽）：插入→修剪→修剪体（Y）→选择模仁❶→新建平面❷→XC 平面❸→输入距离"75"❹→"确定"❺→用同样方法修剪另一边→再用以上方法调 Y 方向尺寸，将模仁调至长 160mm、宽 150mm，见图 4-25。

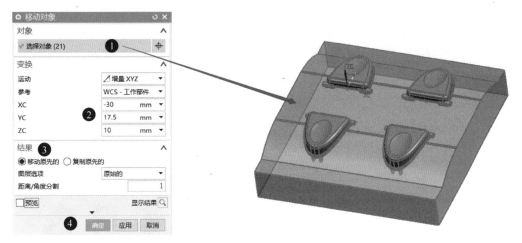

图 4-23　移动模仁中心到绝对原点

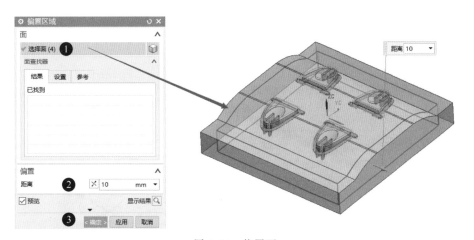

图 4-24　偏置面

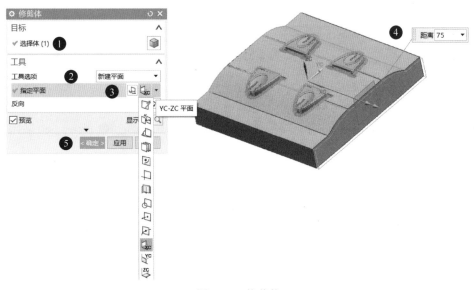

图 4-25　修剪体

⑥ 动模模仁厚度设计：中小型产品在确定模仁的高度时，通常使产品最低点到动模模仁底面的距离为 30～40mm，由此得出动模模仁大致厚度，再将动模模仁底面与 XY 平面距离调为整数（最好是尾数为 0 或 5）。

替换面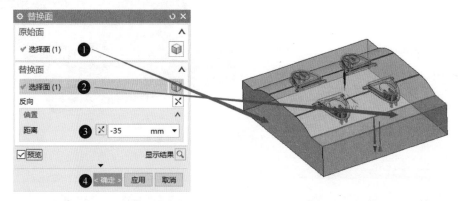：插入→同步建模→替换面（L）→选择模仁底面❶→选择面❷→输入"－35"❸→"确定"❹，见图 4-26。

图 4-26　动模模仁厚度设计

⑦ 边倒圆：插入→细节特征→边倒圆（R）→选图中两条边❶→输入"5"❷→"确定"❸，见图 4-27。

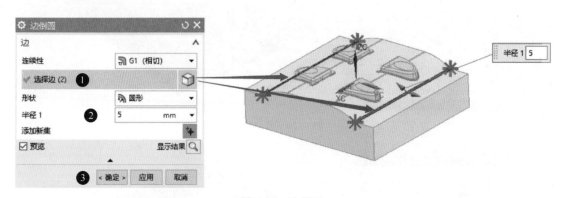

图 4-27　边倒圆

（2）定模（又称前模）仁设计

① 燕秀 UG 工具→包容体❶→弹出"包容体"对话框→包容块❷→选择"面"❸→选模仁底面❹→❻❼❽→拖动箭头到"70"或输入"70"❺→"确定"❾→得到如图 4-28 所示体积块。

② 用上一步得到的体积块减去动模（后模）仁和产品得到定模（前模）仁。中小型产品在确定模仁的高度时，通常使产品最高点到定模（前模）仁顶面的距离为 25～30mm，由此得出模仁大致厚度，再将定模（前模）仁顶面与 XY 平面距离调为整数（尾数为 0 或 5），如用"替换面"将定模（前模）仁底面与 XY 平面的距离调整为 35mm，操作方法请参照动模仁做法。

③ 模仁四角定位，俗名"虎口"，起模仁定位作用，长、宽尺寸设置为模仁的 10%～12%，一般做成方形，Z 向斜度为 3°～5°，高度为 6～8mm，见图 4-29。

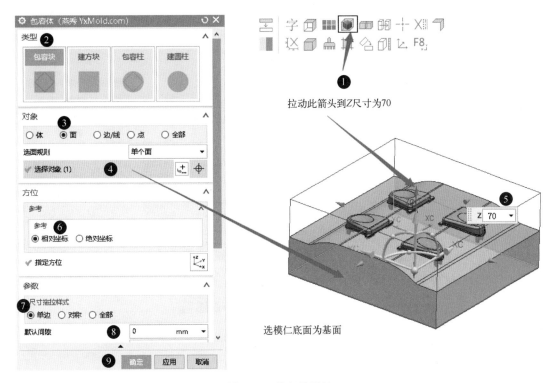

图 4-28　体积块设计

燕秀 UG 工具→点 "虎口" 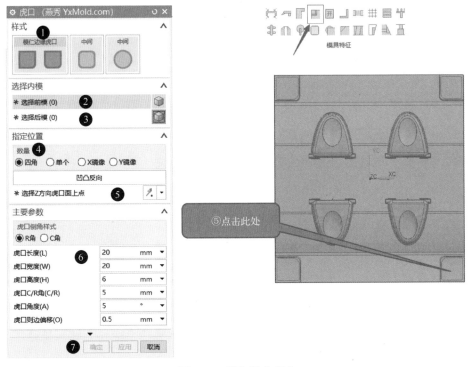→模仁边缘虎口❶→选定模（前模）❷→选动模（后模）❸→点选 "四角" ❹→点击模仁中任意一个角❺→按图中所示输入参数❻→"确定" ❼。

图 4-29　模仁四角定位

④ 打基准字码：燕秀 UG 工具→刻字→输入"B"为基准字码❶→如图 4-30 所示输入参数❷→选择"面中心"❸→"应用"❹→"生成 3D"❺→同上，在定模（前模）仁基准角打上"A"。

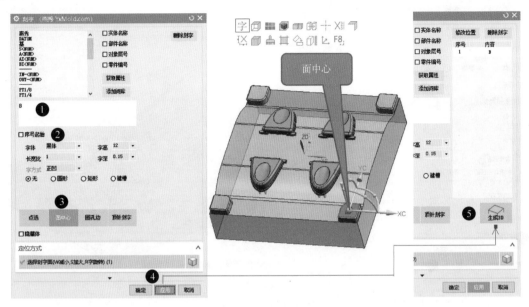

图 4-30　打基准字码

（3）镶件设计

镶件的三大作用：排气、方便加工和抛光、节省材料。

镶件的三种固定方法：斜度、挂台、螺栓连接。

① 制作镶件包容体：长 17mm、宽 6mm，位置尺寸如图 4-31 所示，高度方向贯通整个动模（后模）仁❶。

② 求交：插入→组合→相交→选择目标体❷→选择工具体❸→勾选"保存工具"❹→"确定"❺，见图 4-31。

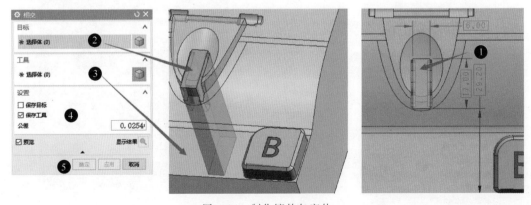

图 4-31　制作镶件包容体

③ 4 角镜像镶件：燕秀 UG 工具→点选"4 角镜像"❶→选择对象❷→点选"WCS 坐标系"❸→点选"4 角"❹→"确定"，见图 4-32。

④ 镶件挂台：燕秀 UG 工具→镶件挂台❶→选择镶件底部平面❷→选择镶件底面要做

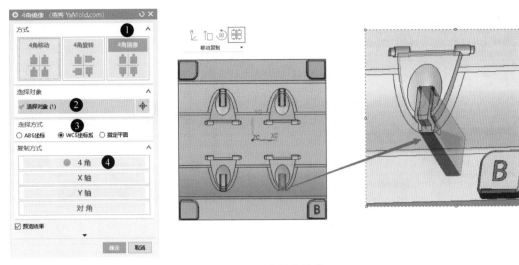

图 4-32　4 角镜像镶件

挂台的边线❸→如图 4-33 所示输入挂台参数❹→选动模（后模）仁为修剪实体❺→"确定"❻→同上做出其余 3 个镶件的挂台，见图 4-33。

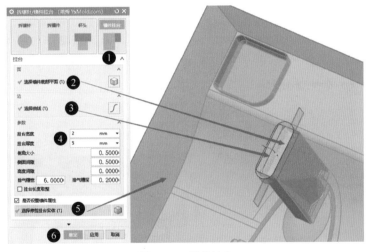

图 4-33　镶件挂台

4.2.4　模架设计

（1）调模架

燕秀 UG 模具→注塑模架→选择"大水口"❶→选择"CI"❷→选择"2527"❸→如图 4-34 所示输入模架参数❹→输入标准件选项❺→"确定"❻。

模架尺寸检验方法：

✔ 模仁的宽度不能超过顶针板。

✔ 天地侧的空位 A 不小于方铁的宽度，即 A≥B。

✔ A、B 板的厚度要取整十数。

✔ 定模（前模）精框底部厚度在 25～40mm 为宜。模架为 1515～4040 时，精框底部厚度取 25～30mm；模架为 4040～6060 时，精框底部厚度取 30～40mm；如果是直身模，A

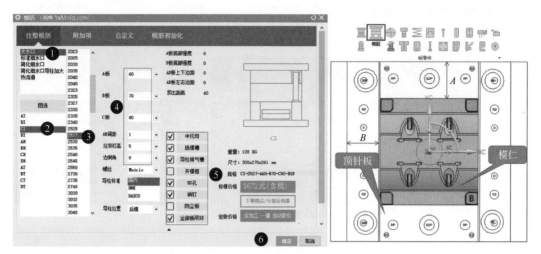

图 4-34　调模架（软件中为"模胚"）

板加厚 $10 \sim 20 \text{mm}$。

✓ 动模（后模）精框底部厚度则以同样大小的 A 系列模架中托板厚度为参照，平板模精框底部厚度与托板相等，大、深产品的精框底部厚度比托板厚 $10 \sim 20 \text{mm}$。

（2）开精框

燕秀 UG 模具→开框❶→选择动模（后模）仁❷→选择 B 板❸→如图 4-35 所示输入精框参数❹→侧面避空选择"无"❺→"确定"❻→同上开定模（前模）框。

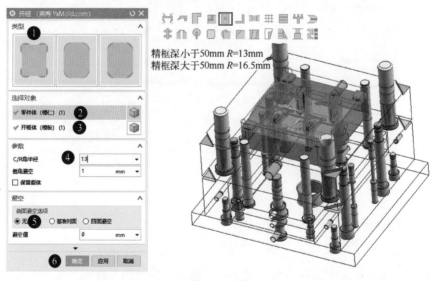

图 4-35　开精框

4.2.5　大水口浇注系统设计

（1）流道设计

冷料井的长度是流道直径的 1.5 倍，主流道比分流道要大，见图 4-36。

① 圆柱体：插入→设计特征→圆柱（J）→轴、直径和高度❶→XC 方向❷→指定点（0，0，10）❸→输入参数❹→选择"无"❺→"确定"❻→生成主流道❼→同上方法［YC

方向，起点（30，0，10）]→直径 4mm，长度 14.5mm→生成分流道❽。

② 边倒圆：插入→细节特征→边倒圆（R）→选择主流道❼末端边，倒 $R=2.5$mm 圆角→选择分流道❽末端边，倒 $R=2$mm 圆角。

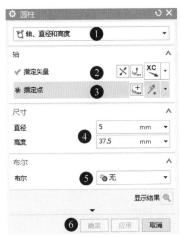

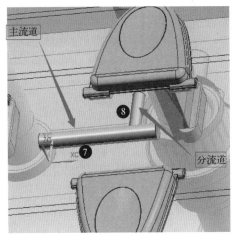

图 4-36　流道设计

（2）浇口设计

浇口一般呈喇叭形，入口处厚度要小，约为 0.5～0.7 倍胶厚，便于浇口料的冷却和去除。浇口的长度做成 1 倍胶厚，即 2mm 左右，太长则进胶阻力大，容易出现浇口处烧焦；太短会使浇口处的钢太薄，容易裂开。

① 包容块：在分流道末端球面外做一包容块，形状尺寸如图 4-37（a）所示，浇口厚 1.0mm❶，宽 4.84mm❷，水平扇形角度为 20°❸，进胶角度为 10°❹，流道长度为 3.8mm－

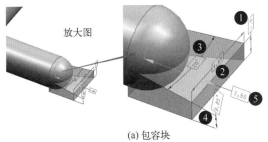

(a) 包容块

2mm＝1.8mm❺。

② 变化圆角：棱边倒 0.5～1mm 的变化圆角，并将浇口与流道求和，见图 4-37（b）。边倒圆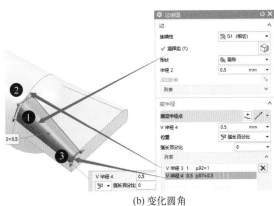：插入→细节特征→边倒圆（R）→选择边❶→选择第 1 点→设置半径为 1❷→选择第 2 点→设置半径为 0.5❸→"确定"。

③ 4 角镜像：燕秀 UG 工具❶→4 角镜像❷→选择镶件❸→选择 "WCS 坐标系" ❹→选择 "4 角" ❺→"确定" ❻→选中生成的流道合并，见图 4-38。

常用命令介绍如下。

✓ 隐藏：编辑→显示和隐藏→隐藏（Ctrl＋B）→选择对象→确定。

✓ 显示：编辑→显示和隐藏（Ctrl＋Shift＋K）→选择对象→确定。

✓ 反转显示和隐藏：编辑→显示和隐

(b) 变化圆角

图 4-37　浇口设计

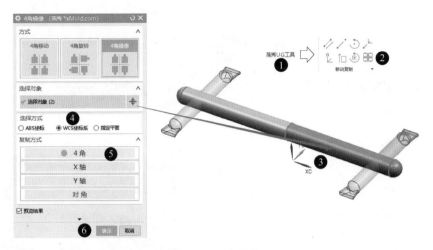

图 4-38　4 角镜像

藏→反转显示和隐藏（Ctrl＋Shift＋K/V），两个快捷键都可用，不用选对象，全自动反转。

　　√ 对象显示：编辑→对象显示（Ctrl＋J）→选择对象→弹出"编辑对象显示"对话框→图层❶→颜色❷→线型❸→透明度❹→局部着色❺→UV 线（U/V 设置成 0 时，不显示 UV 线）❻，见图 4-39。

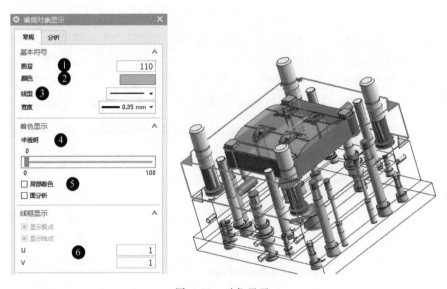

图 4-39　对象显示

　　（3）定位圈设计

　　燕秀 UG 模具 9.55→点"唧嘴"图标❶→定位圈❷→燕秀商城❸→选择"Y01A"❹→选择"100"❺→动态❻→弹出"定位环"对话框❼→"确定"❽→生成 3D ❾，见图 4-40。

　　（4）唧嘴（即浇口套）设计

　　燕秀 UG 模具 9.55→点"唧嘴"图标❶→浇口套❷→燕秀商城❸→选择"Y02A"❹→选择"12"❺→动态❻→放置面下移 25mm❼→指定定模（前模）分型面为唧嘴的终点❽→输入流道参数❾→"确定"❿→生成 3D→用生成的唧嘴去减定模（前模）仁→用生成的水口料实体与流道实体相加→将相加的流道实体放入第 8 层，见图 4-41。

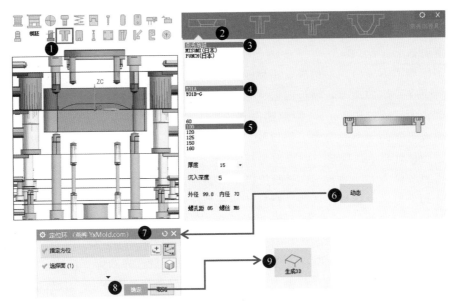

图 4-40　定位圈设计

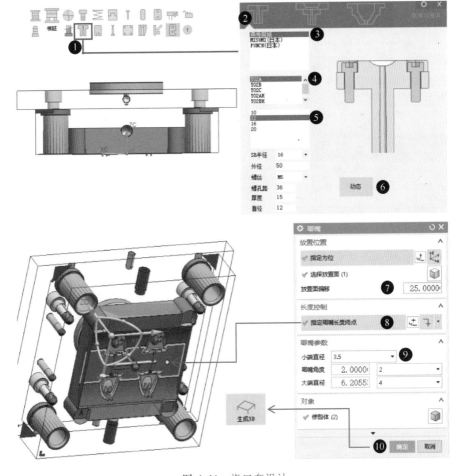

图 4-41　浇口套设计

4.2.6 顶出（脱模）系统设计

注意事项如下。

✓ 三不原则：不顶白，不顶破，不顶变形；

✓ 顶针下在平坦的地方，靠近四壁、骨位、柱子、孔；

✓ 顶针边距离胶位边 1mm，距离镶件 0.8mm；

✓ 斜面或者弧面等不平的面上下顶针，要做止转位，角度大于 30°时要做防滑纹；

✓ 顶针与顶针板、B 板避空，单边为 0.5mm；

✓ 内模封胶位为 20～30mm，封胶位以下的要避空，单边为 0.5mm；

✓ 顶针的坐标做成整数：尾数是整数，特殊情况可做一位小数；

✓ 不得与如下零件干涉：运水（冷却水）管路、撑头、限位柱、螺丝（螺钉）。

（1）顶针设计

下顶针之前关闭产品和定模（前模）所有零件图层，只打开动模（后模）仁和动模（后模）架图层，见图 4-42。操作：燕秀 UG 模具 9.55→点"顶针"图标→顶针❶→燕秀商城❷→选 φ4mm 和 φ2.5mm 的顶针❸→在模仁上找合适的放置点❹→光标移到方框中的坐标值时点鼠标左键确认❺→在（30，0）、（−30，0）、（0，0）位置下 3 支 φ5mm 的顶针→"确定"❻→将产品上的 4 支顶针进行 4 角镜像。

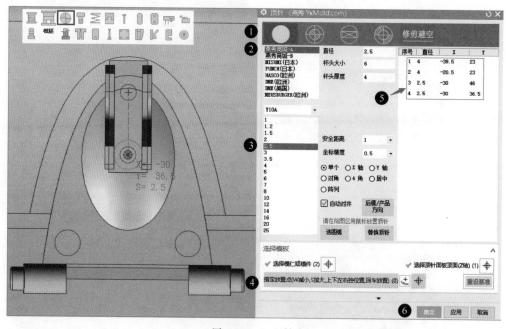

图 4-42　下顶针

（2）修剪顶针

燕秀 UG 模具 9.55→点"修剪顶针"→选择"顶部"❶→输入参数值❷～❾→选中模仁及镶件❿→"确定"⓫，见图 4-43。

（3）顶针止转位

燕秀 UG 模具 9.55→点"止转位"图标→❶→选择需要做止转位的所有顶针杯头底面❷→输入参数值❸→指定切削面的方位❹→"确定"❺，见图 4-44。

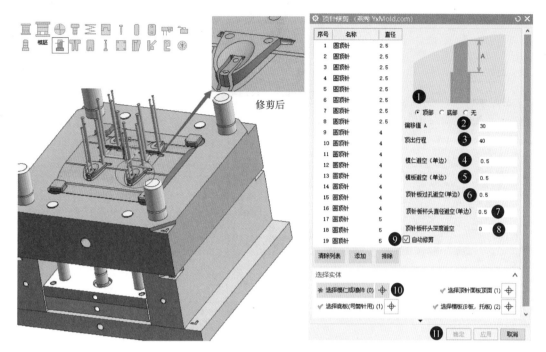

图 4-43　修剪顶针

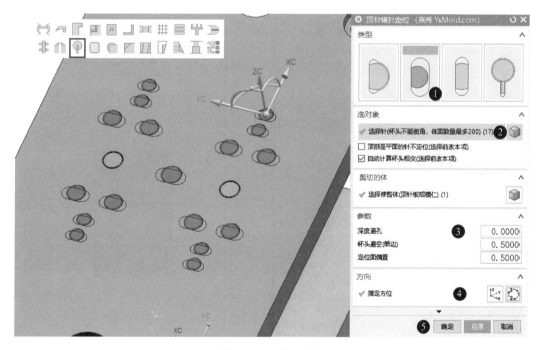

图 4-44　顶针止转位

（4）中心拉料杆

　　燕秀 UG 模具 9.55→点"水口钩针"图标→选择"顶针拉料槽"❶→冷料井深度做到 1.5 倍流道直径❷→输入参数值❸→选顶针所在的模仁分型面❹→选需做拉钩的顶针❺→"确定"❻，见图 4-45。

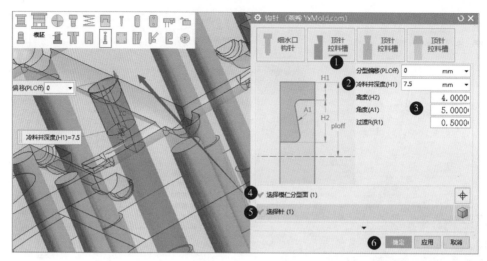

图 4-45　中心拉料杆

4.2.7　温控系统（冷却水）设计

温控系统设计注意事项：

✓ 进出水口优先放在基准侧，其次是操作侧，然后是地侧，天侧尽量不接水嘴；

✓ 冷却水管与胶位的最小距离：小型模具为 8～10mm，中型模具为 10～15mm，车门等大型（1000mm 以上）模具为 15mm 以上；

✓ 两个喉嘴间距不小于 25mm；

✓ 不与顶针、镶件、螺钉干涉，最小距离 3mm，大型模具距离 5mm 以上。

（1）动模（后模）冷却水路

见图 4-46，只打开顶针、B 板、动模（后模）仁图层，关闭其他图层。

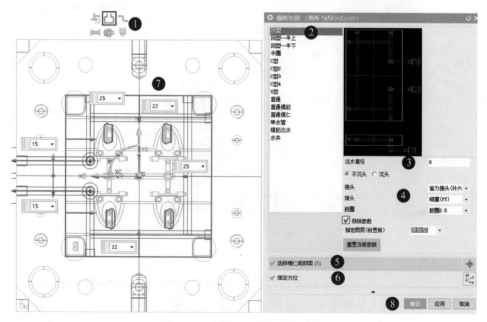

图 4-46　动模（后模）冷却水路

操作：燕秀 UG 模具 9.55→水路工具→点"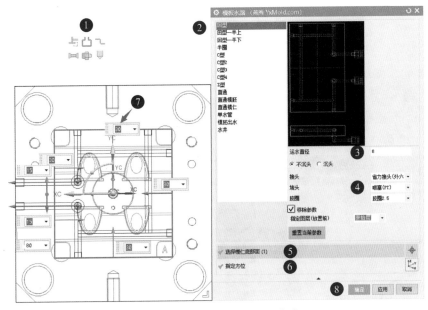❶"→"回型"❷→运水直径输入"8"❸→选择接头、堵头和胶圈种类❹→选择动模（后模）仁的底面❺→指定进出水的方位，一般优先选基准侧❻→输入从模仁边到水路中心的距离和进出水口到中心线的距离❼→"确定"❽→生成如图 4-46 所示水路并移到 28 层。此时若弹出信息框，直接关闭即可。若生成的水路高度不符合设计要求，可以用移动面手动修改。

（2）定模（前模）冷却水路

只打开 A 板（100 层）、定模（前模）仁（10 层）图层，关闭其他图层，见图 4-47。

操作：燕秀 UG 模具 9.55→水路工具→点"❶"→"回型"❷→运水直径输入"8"❸→选接头、堵头和胶圈种类❹→选动模（后模）仁的底面❺→指定进出水的方位，一般优先选基准侧❻→输入从模仁边到水路中心的距离和进出水口到中心线的距离❼→"确定"❽→生成如图 4-47 所示水路并移到 18 层。

图 4-47　定模（前模）冷却水路

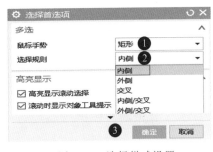

图 4-48　选择样式设置

选择样式设置：首选项→选择（Ctrl＋Shift＋T）→选择首选项→"矩形"❶→"内侧"❷→"确定"❸，见图 4-48。

（3）调节冷却水的高度

移动面：插入→直接建模→移动面（M）→选择面❶→"距离"❷→方向"ZC ↑"❸→选择高亮显示面❹→输入"11"→应用→选择高亮显示面❻→输入"—5"→"确定"→动模（后模）仁运水高度为 12mm❺，模架运水高度为 10mm❼，见图 4-49。

4.2.8　辅助系统设计

（1）锁模仁螺丝

注意事项：螺丝要四角均布；内模螺丝最小用 M8 型；坐标尽可能取整数；锁紧深度最

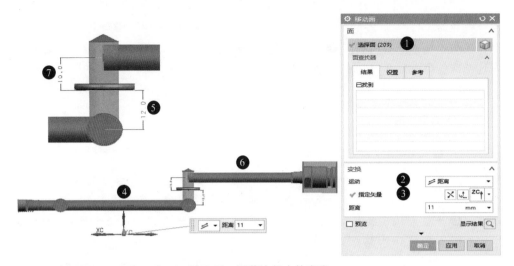

图 4-49　调节冷却水的高度

少为螺丝公称直径的 1.5 倍；底孔大小是公称直径的 0.85 倍。

① 燕秀 UG 模具 9.55→点选标准件 "🔩"→杯头螺丝❶→定位面❷→选 M8 的螺丝❸→ "4 角镜像"❹→"自动修剪"❺→"动态"❻→弹出 "选择螺牙放置平面" 对话框→选择定模（前模）仁的底面❼，调整右上角螺丝坐标为（65，70）❽→点击鼠标左键确认→"取消" ❾→"生成 3D"❿→将生成的螺丝放到 19 层，见图 4-50。

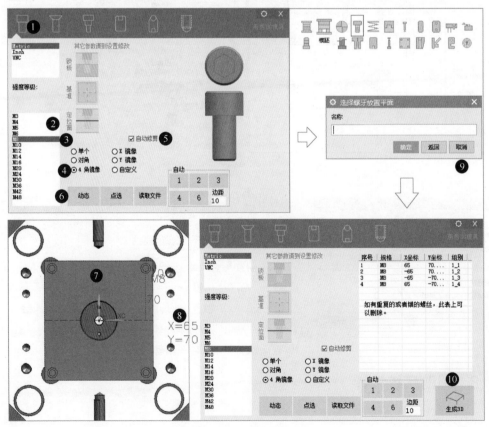

图 4-50　锁模仁螺丝

② 同上画出动模（后模）螺丝，右上角螺丝坐标为（65，70），将生成的螺丝放到29层。

（2）分型面定位锁（对锁）

燕秀 UG 模具 9.55→点选标准件"▢"→边锁❶→燕秀商城❷→选 PL038-M6❸→指定图层"17"❹→点选"居中"❺→点 B 板面上任意一点❻→"确定"→将定模（前模）部分的对锁放入第 7 层，见图 4-51。

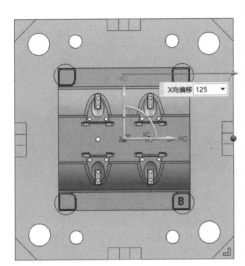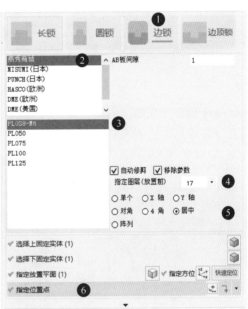

图 4-51　分型面定位锁（对锁）

（3）顶针板弹簧

① 弹簧正常使用时，压缩比 θ 应取 $35\% \sim 50\%$，据此可得弹簧长度 L 计算公式如下：

$$35\% \leqslant \theta = \frac{S + Sa}{L} \times 100\% \leqslant 50\% \tag{4-1}$$

式中，S 为顶出行程；Sa 为弹簧的预压量，本案例取 10mm。

由式（4-1）可得：　　$2 \times (S + Sa) \leqslant L \leqslant 2.85 \times (S + Sa)$　　　　(4-2)

根据式（4-2）得到弹簧的长度范围，选择其中合适的规格，如顶出行程 $S = 25\text{mm}$、弹簧预压量 $Sa = 10\text{mm}$，计算得出 $70\text{mm} \leqslant L \leqslant 99.75\text{mm}$，符合条件的有 80mm、90mm 两种，本案例参见 B 板厚度选择 80mm 长的弹簧。

② 燕秀 UG 模具 9.55→点选标准件"〰"→燕秀商城❶→点选"回针"❷→选"30×16"❸→"80"❹→输入"8""25""32"❺→剪切模板打"√"❻→"预览"❼→"生成 3D"❽→将生成的弹簧移动到 119 层，见图 4-52。

（4）撑头设计

撑头的作用是防止 B 板在注塑压力下发生变形，因此尽量选择模具中间部位放置撑头。撑头一般是圆形的，直径可大可小，必要时也可以是方形的，做成圆形是为了加工方便。

操作：燕秀 UG 模具 9.55→点选标准件"▦"→选"撑头"❶→燕秀商城❷→"35"❸→按图中红色框所示输入参数❹→选"对角镜像"❺→"动态"❻→移动光标至（0，45）→

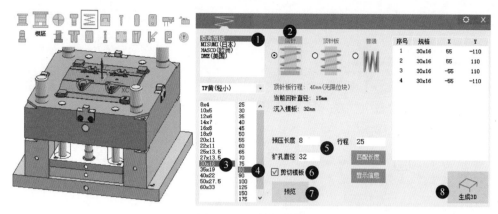

图 4-52 顶针板弹簧

点击鼠标左键确认→在弹出的对话框中点"取消"→在弹出的对话框中点"生成 3D" ❼→关闭对话框→生成的撑头将自动放到 60 层，见图 4-53。

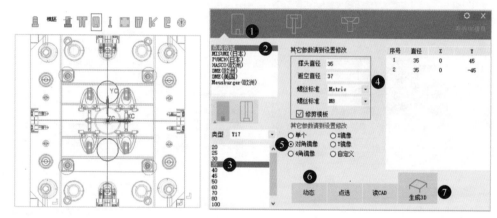

图 4-53 撑头设计

（5）限位柱设计

燕秀 UG 模具 9.55→点选标准件"⬛"→选择"限位柱"❶→燕秀商城❷→"25"❸→按图中红色框所示输入参数❹→选择"4 角镜像"❺→动态❻→移动光标至（30，85）→点鼠标左键确认→在弹出的对话框中点"取消"❼→在弹出的对话框中点"生成 3D"❽→关闭对话框→生成的限位柱将自动放到 60 层，见图 4-54。

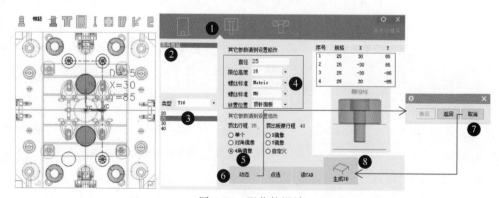

图 4-54 限位柱设计

（6）垃圾钉设计

燕秀 UG 模具 9.55→点选标准件"▣"→选"垃圾钉"❶→燕秀商城❷→锁螺丝型❸→选"16×M5"❹→选"4 角镜像"❺→"动态"❻→移动光标至回针中心，点击鼠标左键确认❼→移动光标至（55，40）❽→在弹出的对话框中点"取消"❾→在弹出的对话框中点"生成 3D"❿→关闭弹出的信息框→生成的限位柱将自动放到 61 层，见图 4-55。

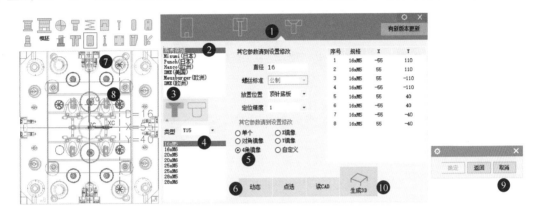

图 4-55　垃圾钉设计

（7）锁模片

燕秀 UG 模具 9.55→点选标准件"▤"→选"安全扣"❶→燕秀商城❷→按图 4-56 中红色框所示输入参数❸→选择 A 板❹→选择 B 板❺→点图 4-56 左上角面上的点❻→移动光标箭头到（−80，25）❼→"应用"❽→关闭信息框→在弹出的对话框中点"取消"→将生成的锁模片移至 66 层。

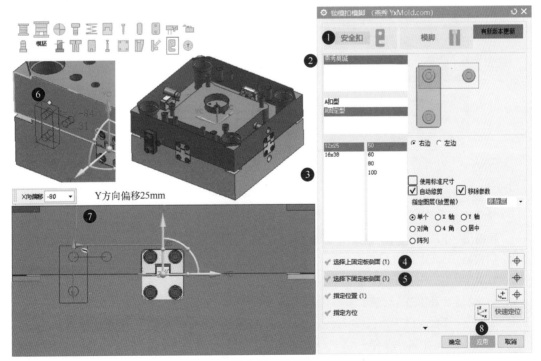

图 4-56　锁模片

4.2.9 模具图档整理

（1）刻字

燕秀 UG 工具 9.55➡常用工具"字"➡常用字选框可以直接调用，NUM 表示序号，可以自动生成❶➡空白框中输入文字❷➡按照方框内容输入参数❸➡点选❹➡在模板或零件表面选定刻字的中心位置❺➡"应用"❻➡可再次输入刻字内容➡"应用"➡反复上次操作直到输入完所有内容➡生成 3D，见图 4-57。

注意：如果内容输错，又已经点了"应用"，还可以在右上侧对话框中删除内容，但不可以修改。

刻字内容包括：

✓ 吊模螺丝大小（如 M16）、进出水编号（如 IN1/IN2/OUT1/OUT2…）、模具编号和产品名称等客户要求标注的内容。

✓ 定模（前模）、动模（后模）仁，各镶件滑块（行位），斜顶各零件的编号。编号规则各公司都有规定，如定模（前模）仁（CA01/CA02…）、动模（后模）仁（C001/C002…）、定模（前模）镶件（A01/A02…）、动模（后模）镶件（B01/B02…）、滑块（行位）（S01/S02…）、斜顶（L01/L02…）。

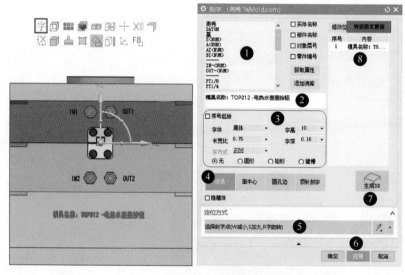

图 4-57 刻字

（2）图层管理

① 常用图层。

a. 静模层：FIX HALF，包括 100～109 层，放置定模（前模）板及标准件；

b. 动模层：MOVE HALF，包括 110～119 层，放置动模（后模）板及标准件；

c. 滑块层：SLIDE，包括 30～39 层，放置滑块（行位）及其标准件；

d. 斜顶层：LIFTER，包括 40～49 层，放置斜顶及其标准件；

e. 顶杆层：EJECTOR，包括 70～75 层，放置顶针、顶管（司筒）等顶出零件。

② 图层类别及命名：菜单➡格式➡移动到图层（Ctrl＋L）➡弹出"图层设置"对话框❶➡光标移到空白处➡点鼠标右键➡弹出菜单➡类别显示打"√"❷➡点"新建类别"❸➡将新建

的图层类别改名为如❺所示→鼠标左键点"FIX HALF"❻→单击鼠标右键，在弹出菜单中点"编辑"❼→输入"100-109"❽→按键盘中的"Enter"→"确定"❾→回到"图层设置"对话框→点开"FIX HALF"类别就会看到加入的图层❿，见图4-58。

③"移动到图层""图层设置"在4.2.2节"（5）分型面设计"的第⑥点和第⑦点中有详细说明。"复制到图层"快捷键为"Ctrl+→"，与"移动到图层"操作方法相同。

④按照"三维数字化模具设计图层表"，将模具图中所有零件放入对应图层，对常用图层进行类别命名管理，见表4-2。逐一对各图层内容进行检查，特别要对流道、运水、滑块（行位）、斜顶等需要减腔的地方仔细检查。

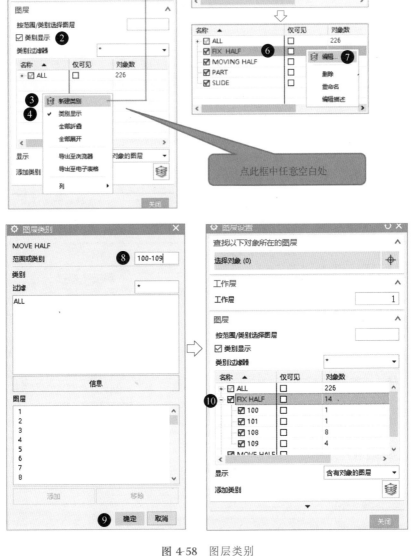

图 4-58　图层类别

表 4-2　NX12 三维数字化模具设计图层

层别	分层	英文名称	中文名称	备注
1	1	working	工作层	工作层
2～5	5	part	最新产品(有缩水)	产品层
200～205	200～205	partoriginal	改模前产品(无缩水)	
10～19	10	cavity	前模仁	前模仁层
	11～17	cavity insert/pin	前模镶件/镶针	
	18	fixed water line	前模水路	
	19	screw	前模螺丝	
20～29	20	core	后模仁	后模仁层
	21～26	core insert/pin	后模镶件/镶针/日期码	
	27	gas line	后模气路	
	28	moving water line	后模水路	
	29	screw	后模螺丝	
30～39	30～37	slide	滑块	滑块层
	38	slide water line	滑块水路	
	39	screw	滑块螺丝	
40～49	40～44	lifter	斜顶	斜顶层
	45～47	lifterbase	斜顶座	
	48	lifter water	斜顶水路	
	49	screw	斜顶螺丝	
50～59	51～52	runner	冷流道/流道假体	流道层
	53～54	locating ring/sorue bushing	定位环/唧嘴	
	59	sorue puller	水口钩针	
60～69	60	support pillar/distance spacer	支承柱/限位柱	模具配件层/开模控制零件
	61	mold feet/lifting block	模脚/吊模块/垃圾钉	
	62	counter	计数器	
	63	sensor	顶针板感应器	
	64	previous returning	机械先复位	
	65	latch bar	小拉杆	
	66	mold lock	锁模块	
	67	lock/Nylon nail	对锁/尼龙胶钉	
	68	balance block	平衡块	
	69	wedge block	楔紧块	
70～79	70～74	ejector pin	顶针	顶出系统
	75～76	ejector sleeve	司筒	
	77～78	flat ejector pin	扁顶针	
	79	ejector rod	顶出杆	

层别	分层	英文名称	中文名称	备注
80～89	80	oil cylinder	油缸及配件	油缸热嘴层
90～99	90	hot runner	热流道	
100～109	100	A plate	A板	前模模架层
	101	top clamping plate	上模板	
	102	runner plate	水口板	
	108	cavity standard	前模模架标准件	
	109	screw	前模模架螺丝	
110～119	110	B plate	B板	后模模架层
	113	stripper plate	推板	
	114	stop pin	垃圾钉	
	115	ejectret plate	顶针板	
	116	eject plate	顶针底板	
	117	bottom clamping plate	方铁/下模板	
	118	core standard	后模模架标准件	
	119	screw	后模模架螺丝	
120	120	Nitrogen gas spring	氮气弹簧	辅助零件
121	121	eye bolt	吊环	
200	200	Partoriginal	原始产品(无缩水)	暂存特征
254	254	false	假体	
255	255	rubbish	垃圾	

4.3 三板模设计实例

4.3.1 开模资料分析及产品处理

（1）开模资料

开模资料概括了模具的主要信息和客户的技术要求。细水口模具 MOLD2-GD22094 的开模明细表如表 4-3 所示。开模明细表主要包括产品材料、进胶方式、进胶位置、穴数等重要信息。

表 4-3 MOLD2-GD22094 开模明细表

模号	模具名称	产品简图	穴数	进胶方式	塑胶材料	质量	周期
GD22094	新能源汽车充电器上盖		1×2	细水口进胶	ABS 5/1000	300t	30s

（2）产品分析

产品分析包括斜率分析、壁厚分析和出模分析。

① 产品斜率分析 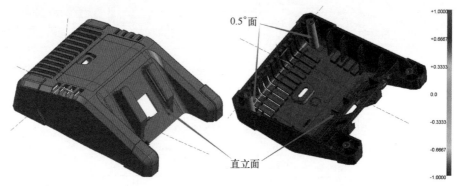，见图 4-59。

图 4-59 产品斜率分析

② 产品壁厚分析（见图 4-60）：菜单→分析→模具部件验证→检查壁厚 ❶→弹出"检查壁厚"对话框→点击"计算"选项卡❶→选择体❷→计算厚度 ❸（约 20s）→弹出"比色条"❹→平均厚度 1.69mm，最大壁厚 4.26mm❺→同时产品显示多种颜色→红色区域为厚壁区❻❼，蓝色区域为薄壁区❽。

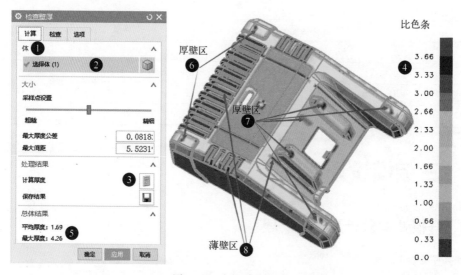

图 4-60 产品壁厚分析

③ 产品出模分析（见图 4-61）： 菜单→分析→模具部件验证→检查区域→弹出"检查区域"对话框→点击"计算"选项卡❶→选产品❷→选 Z 轴❸→点击计算器 ❹（大约需要几十秒）→点"面"选项卡❺→勾选底切区域❻→此时会高亮显示底切区域，设计师要分析底切区域是否存在倒钩，是否需要设计、滑块（行位）、斜顶等脱钩机构。

4.3.2 分模与模仁设计

（1）设定产品基准

① 基本曲线：插入→曲线→基本曲线→直线 ❶→点▼→选圆心 ❷→线串模式不要打"√"❸→选圆心 1❹→选圆心 2❺→"确定"❻，见图 4-62。

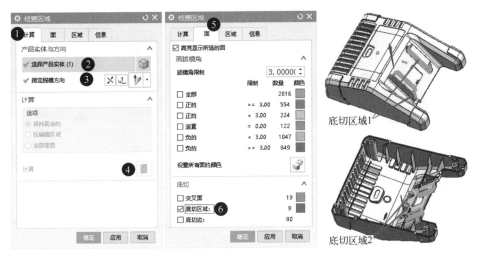

图 4-61 产品出模分析

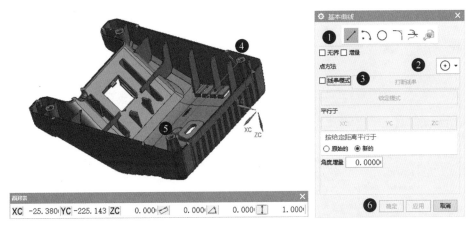

图 4-62 基本曲线

② 移动对象：插入→编辑→变换（Ctrl＋T）→弹出"移动对象"对话框→选择产品作为移动对象❶→运动方式选"点到点"❷→"出发点"选直线的中点❸→"目标点"❹→弹出"点"对话框→选绝对坐标原点❺→点选"移动原先的"❻→"距离/角度分割"输入框中输入"1"→"确定"❼→绝对坐标位置即为产品基准❽，见图 4-63。

（2）设置产品收缩

产品材料为 ABS，收缩率设为 0.5％。变换：插入→编辑→变换（Ctrl＋R）→选择对象❶→"确定"→比例❷→"确定"→选绝对坐标原点作为缩放原点❸→"确定"→在弹出的输入框中填"1.005"❹→"确定"→移动❺→"取消"❻，见图 4-64。

（3）分模

① 补产品破孔。

a. 曲面补片（边补片）：点主菜单中的"应用模块"→双击"注塑模"→曲面补片→点击▼从下拉选项选择"体"❶→选择体❷→自动选中 30 个环→按 Shift 键取消图 4-65 中的环❺→"确定"❸→"确定"❹，此步骤共补好 26 个环，在 250 层、27 层、28 层各生成 26 个面，读者可打开图层查看。

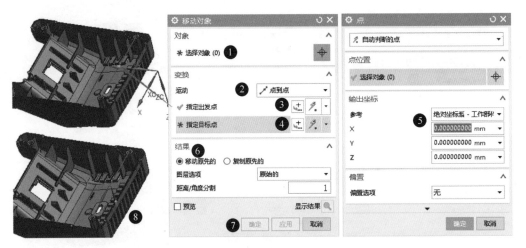

图 4-63　移动对象

图 4-64　设置产品收缩

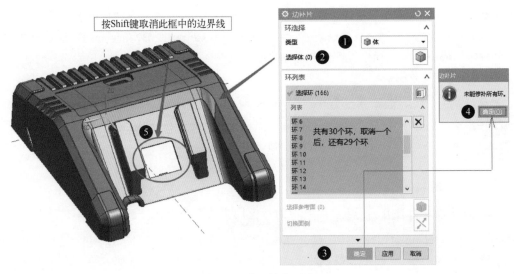

图 4-65　曲面补片（1）

b. 扩大面 ：编辑→曲面→扩大（Ctrl+3)→选择❶面→“全部”打“√”❷→扩大百分比“1”❸→“应用”❹→同上依次选面❺❻进行扩大→将扩大的❶❺❻三个面减去产品得到所需的补孔面，并将残余片体放入 255 层，然后关闭 255 层，见图 4-66。

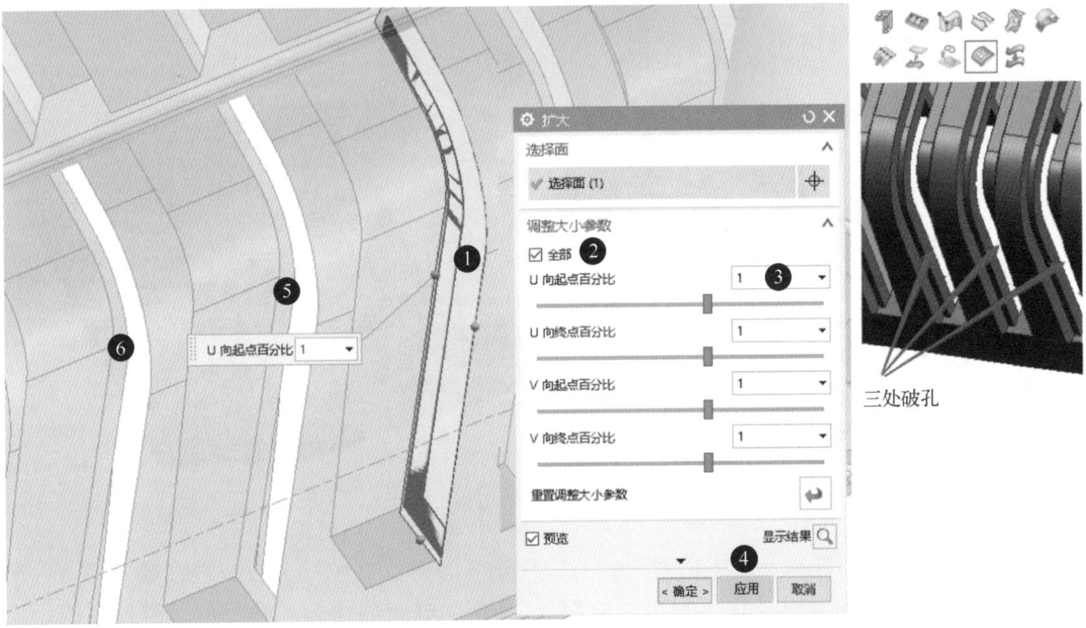

图 4-66　扩大面

c. 曲面补片：点击曲面补片 →点击▼从下拉选项中选“面”❶→选择图中❷面→NX 将自动选中 2 个环→按 Shift 键取消环❸→“确定”❹，见图 4-67。

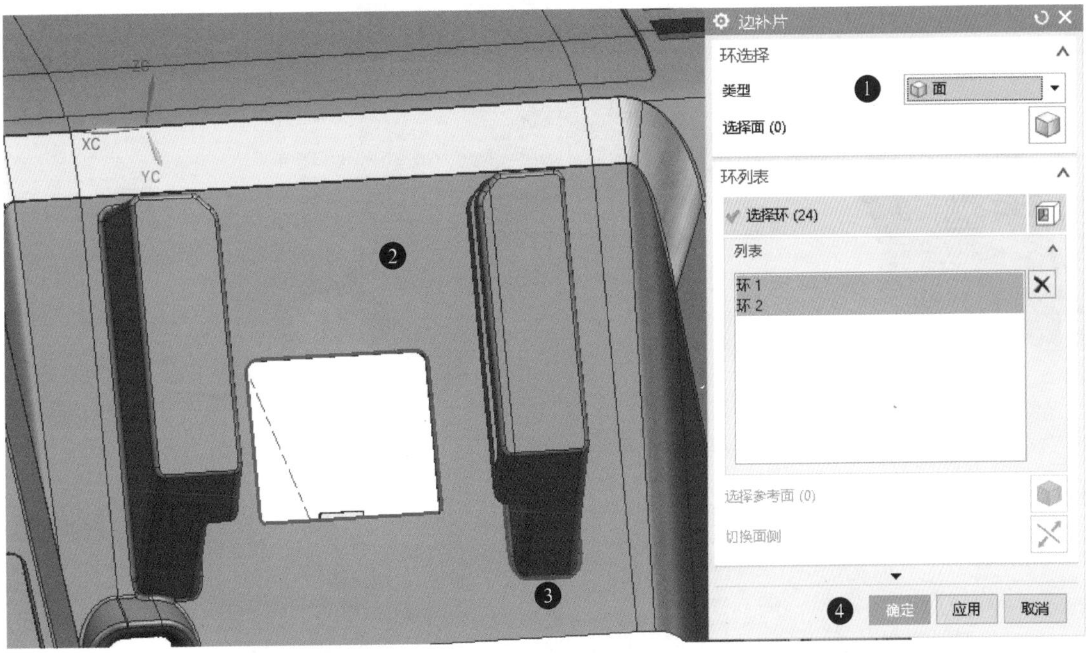

图 4-67　曲面补片（2）

② 动模（后模）滑块（行位）镶件设计：动模（后模）滑块（行位）的成型件（镶件）在分型面以上的部分要做与定模（前模）仁对插的斜度，一般不小于 3°；其次，在滑块（行位）抽出方向也要做 3°的斜度，以减缓磨损。

a. 动态坐标 ：菜单→格式→动态坐标（D）→选"YC 轴"❶→输入移动距离为"128"❷→按回车键→按 Esc 键（退出），见图 4-68。

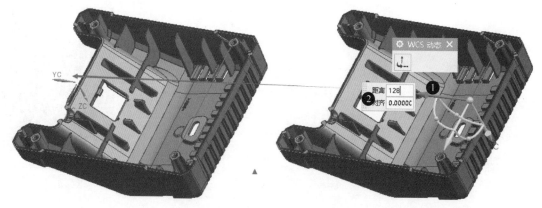

图 4-68　动态坐标

b. 投影曲线 ：插入→派生曲线→投影（Shift＋2）→选红色线为投影曲线❶→选 YC 平面作为要投影对象❷→指定 YC 为投影方向❸→"确定"❹→创建副本❺→生成绿色曲线，见图 4-69。

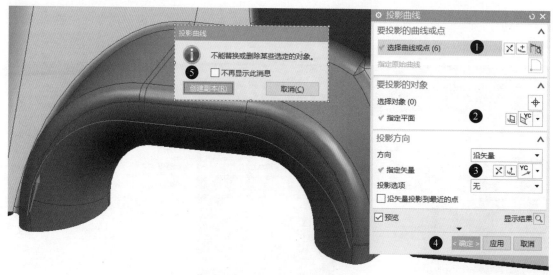

图 4-69　投影曲线

c. 曲线长度 ：编辑→曲线→长度→选择曲线要延长的一端❶→按红框内容设置❷→延长 3mm❸→"应用"❹→同上延长另外一端❺→生成绿色曲线，见图 4-70。

d. 连接曲线两端点：插入→曲线→基本曲线（1）→连接曲线的两个端点❻。

e. 拉伸＋拔模：拉伸上一步生成的曲线串❶→指定 YC 方向❷→输入参数－5mm、30mm❸→角度为－3°❹→"确定"❺，见图 4-71。

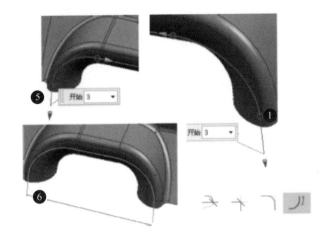

图 4-70 曲线长度

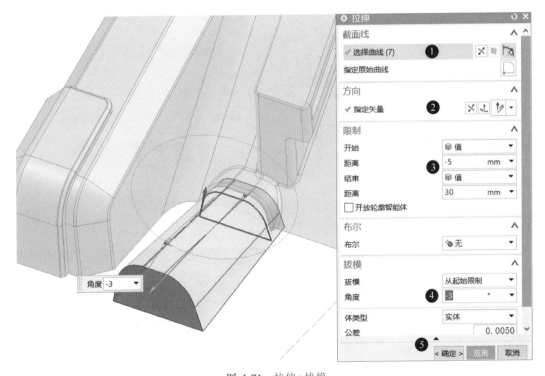

图 4-71 拉伸+拔模

f. 修剪上一步生成的拉伸体并将底面替换为平分型面：插入→修剪→修剪体→选择体❶→指定平面 YC❷→点击方向箭头在弹出的输入框中输入"－3.1"❸→反向❹→"确定"❺→生成实体→选择体底面❻→选择产品上的红色面为替换面❼→偏置距离为 0mm❽→"确定"❾→生成滑块（行位）镶件，见图 4-72。

g. 偏置面：插入→偏置/缩放→偏置（O）→选择条中选"相切面"❶→选择面❷→偏置距离为－0.4mm❸→"确定"❹，见图 4-73。

h. 镶件与产品求差（Shift＋S），注意保留工具体，得到小滑块（行位）镶件。

③ 枕位设计：产品侧孔与分型面贯通时，常设计成带斜度的突起，外观像枕头，称为枕位。

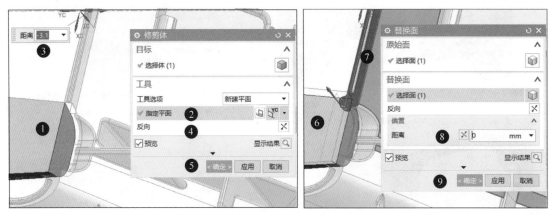

图 4-72　替换

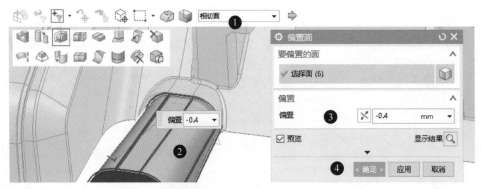

图 4-73　偏置面

a. 包容体：燕秀 UG 模具→包容体→包容块→面→选择红色面→输入默认间隙 "1"
❶→向 −Y 方向拉动箭头❷→输入 "10"❸→"确定"→生成体积块，见图 4-74。

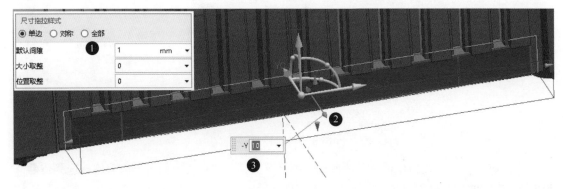

图 4-74　包容体

b. 替换面 ：插入→同步建模→替换面（L）→选择包容块上的原始面❷→选择产品
上的替换面❶→"确定"→同上将包容块上的❹❻❽三个面替换成产品上的❸❺❼三个面→生
成枕位，见图 4-75。

c. 拔模 ：插入→细节特征→拔模（Shift＋A）→弹出"拔模"对话框→选"边"❶，
ZC 方向为拔模方向❷，选择红色边为固定边❸→角度 1 为 3°❹→"确定"❺，见图 4-76。

图 4-75 替换面

d. 边倒圆 ⬛：插入→细节特征→边倒圆（R）→倒两个 $R = 5mm$ 的圆角❻，见图 4-76。

图 4-76 拔模、边倒圆

④ UCS 设为绝对 ⬛：格式→WCS→设为绝对（F10）。

⑤ 导出产品文件：文件→导出 Parasoild→选择要导出的零件，选择产品❶→指定版本，点下拉箭头"▼"，然后从菜单中选择所需的版本，如果不改变版本，则跳过此项❷→保存路径为"E：\ 设计教程"，输入文件名"MO2"❸→"OK"❹，见图 4-77。

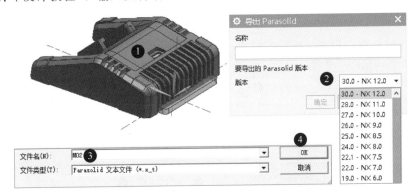

图 4-77 导出产品文件

⑥ 动模（后模）分型面设计。

a. 实体补片📐：从主菜单中点"应用模块"→左键双击"注塑模"→点击"📐（实体补片）"进入"实体补片"对话框→选择产品❶→选择枕位和滑块（行位）镶件为"补片体"❷→"确定"❸，见图 4-78。

注意：实体补片是注塑模向导模块中的命令，这类命令都是复合命令，由几个相关命令形成一个宏，如实体补片＝布尔求和（保留工具体）＋将工具体移到 25 层。

图 4-78 实体补片

b. 塑模部件验证📐：点击"📐"进入"检查区域"对话框→选择产品❶→选择 Z 轴为脱模方向❷→点📱进行计算❸，大约要几秒到几十秒，📊变灰色即计算完成，见图 4-79。

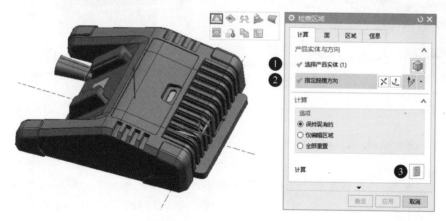

图 4-79 塑模部件验证

c. 检查区域：在"检查区域"对话框中点击"区域"选项卡❶→未定义区域设为绿色❷→点击"设置区域颜色"❸→选中产品上的绿色区域❹→点击"型腔区域"❼→"应用"❾→选绿色面❺和整个倒钩区域的面❻→点击"型芯区域"❽→"应用"❾→"取消"，结束命令，见图 4-80。

d. 定义区域🔨：点击"🔨"进入"定义区域"对话框，型腔区域❶、型芯区域❷前面的图标为"🔧"，即已生成状态，如果前面的图标是"！"则表示异常状态，需要返回"检查区域"重新定义区域→创建区域打"√"❸→"应用"❹→型腔区域❶、型芯区域❷前面的图标为"√"表示创建成功❺→取消❻，结束命令，见图 4-81。

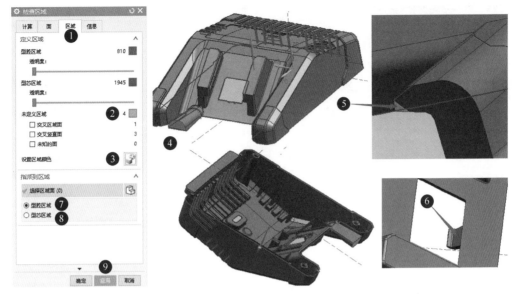

图 4-80　检查区域

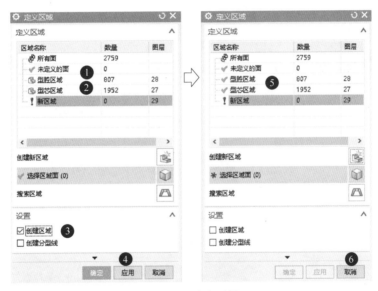

图 4-81　定义区域

创建区域是一个复合命令，包括以下几步：抽取定模（前模）面并缝合＋抽取动模（后模）面并缝合＋将定模（前模）面移到 28 层＋将动模（后模）面移到 27 层。

e. 扩大面 📖：编辑→曲面→扩大（Ctrl＋3）→选择❶面→全部打"√"❷→输入"50"❸→"确定"❹→得到扩大的面❺→再用此面减去产品→将减得的碎面移动到 255 层并关闭图层→得到分型面❻，见图 4-82。

f. 编辑分型面和曲面补片 🏺：点击" 🏺 "进入"编辑分型面和曲面补片"对话框→选择片体（大黄色平面❶、三个小片体❷）→"确定"❸，见图 4-83。

编辑分型面是一个复合命令，包括以下两步：将所选的片体移动到 250 层并将它们的颜色改变成分型面的颜色；将 250 层的片体备份到 27 层和 28 层。

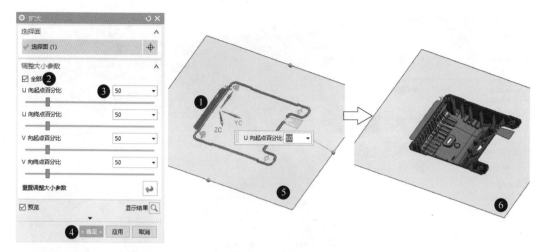

图 4-82　扩大面

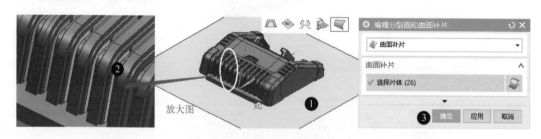

图 4-83　编辑分型面和曲面补片

g. 缝合动模（后模）面：关闭所有图层，将 27 层设为工作层，将所有片体缝合，生成如图 4-84 所示的动模（后模）面。

缝合：插入→组合→缝合（F）→选产品面作为目标面❶→选补丁面、分型面作为工具面❷→公差输入"0.02"❸→"确定"❹，见图 4-84。

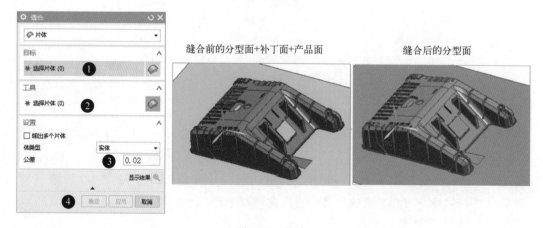

缝合前的分型面+补丁面+产品面　　　　　　缝合后的分型面

图 4-84　缝合

h. 检查分型面：缝合后的面不能有破孔。检查方法如下：分析→检查几何体→弹出"检查几何体"对话框→选择整个片体→"片体边界"打"√"→检查几何体→"高亮显示结果"打"√"→此时片体的边界会变成红色高亮状态，若中间有破孔就会高亮显示→点击

""→弹出信息框→片体边界显示为"找到的边界数＝1",如果显示为多个边界就表示中间一定有破孔,见图 4-85。

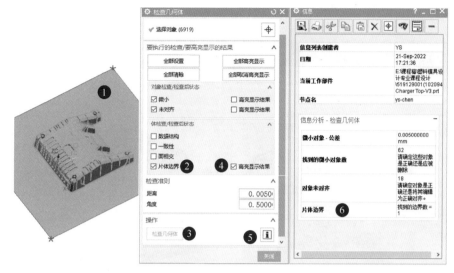

图 4-85　检查几何体

⑦ 动模(后模)仁设计。

a. 导入产品文件:文件→导入→Parasoild→选择路径"E:\设计教程"→选 MOLD2-PART. x_t→"OK"→将导入的产品移动到 5 层。

b. 包容体:燕秀 UG 模具→包容体→包容块→体→选择产品→选择相对坐标→默认间隙输入"55"→"确定",生成体积块作为模仁毛坯料。

c. 修剪体:插入→修剪→修剪体(Y)→选择包容块❶→"工具选项"选择"面或平面"❷→选择条中设为"特征面"❸→在快速拾取框中选择上一步缝合的面(图 4-86 中高亮面)

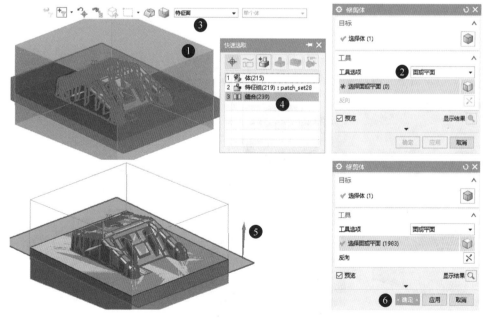

图 4-86　修剪体

❹→选择＋Z轴方向❺→"确定"❻→打开 25 层→将枕位补丁与模仁相加→将动模（后模）仁移到 20 层，将分型面移动到 254 层并关闭。

d. 将有补丁的产品放到 255 层并关闭图层，双击 1 层，即将 1 层设为工作层，打开 5 层、20 层。

e. 确定动模（后模）仁尺寸：X 向按中心对称做到 260mm❶→Y 向基准向右 60mm❷，总长 260mm❺→Z 向分型面与 XY 平面对齐，底部厚度做到 50.5mm❻→X 向两侧要做推块，因而安全值约 56mm❹→Y 向两侧安全值约 43mm❸，见图 4-87。

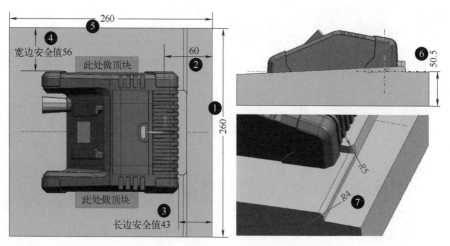

图 4-87 确定动模（后模）仁尺寸

f. 镶模仁：分型面为平面或直纹光顺曲面的机壳类模具，如果主体胶位比分型面高出较多，结构设计时可以沿内壁底沿 Z 向拉出曲面，然后用曲面将模仁分割成外框和内镶件两个部分，此工艺俗称"镶模仁"。

镶模仁的优点是利于排气，省料，方便加工，保证加工精度、互换性，方便改模、散热，等等。镶模仁的缺点是装配麻烦、加工时间长、加工成本增加，镶缝可能走披锋，太多的镶件会影响水路设计、削弱模仁的强度，等等。

• 优化面：插入→同步建模→优化→优化面→选择两个面❶→"确定"❷（说明：优化前是不能合并的两个面❸，优化后则合成一个面❹），见图 4-88。

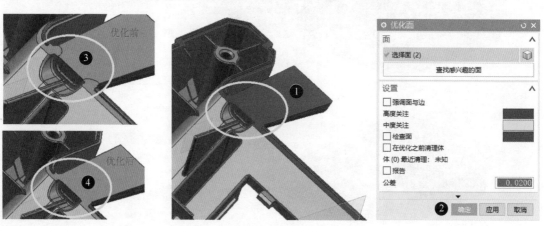

图 4-88 优化面

• 抽取特征：插入→关联复制→抽取几何特征→点下拉菜单中的"复合曲线"❶→选择内壁边线❷→继续选择所有内壁边线组成一个封闭的环❸→连接曲线选"常规"❹→"确定"❺，见图 4-89。

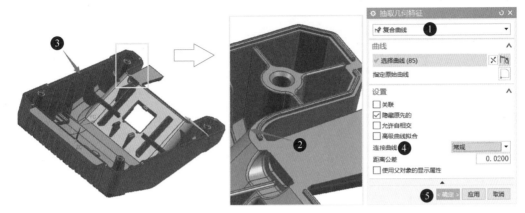

图 4-89　抽取特征

• 拉伸：把生成的曲线向＋Z 方向拉伸对称，生成实体块❶，见图 4-90。
• 相交：插入→组合→相交→选目标体❶→选动模（后模）仁为工具体❷→保存工具❸→"确定"❹→生成镶件❺→模仁减去镶件后得到模仁框❻，见图 4-90。

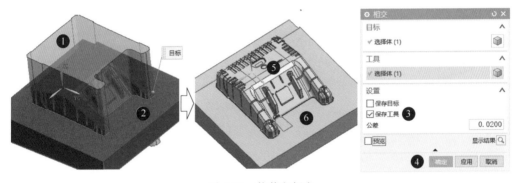

图 4-90　拉伸和相交

• 从放大图❶圆心处将镶件分割成❷＋❸两块，以利于加工和排气，见图 4-91。

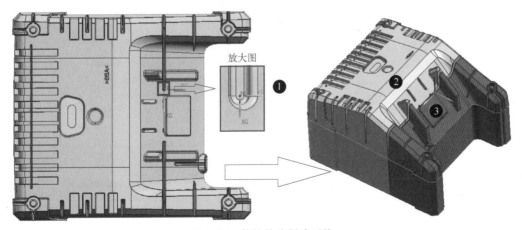

图 4-91　将镶件分割成两块

⑧ 定模（前模）仁设计。

a. 包容体：做一个高为 151mm 的体积块❶→减去动模（后模）仁、产品、滑块（行位）镶件→得到定模（前模）仁❷→将非封胶位 R 配合位改成避空位❸，见图 4-92。

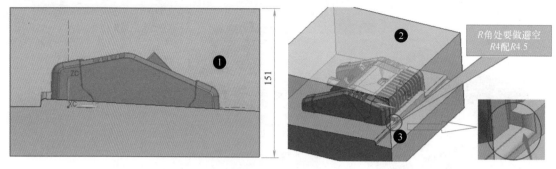

图 4-92　包容体

b. 加上四角定位：25mm×25mm×10mm，见图 4-93。

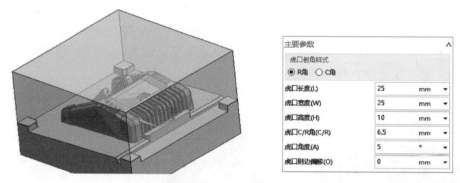

图 4-93　加上四角定位

c. 将突出 XY 平面的定模（前模）仁、动模（后模）仁部分四周切除 0.5mm，防止模仁与模架对插：选择动模（后模）仁底面的边拉伸→距离设为"50.5mm""100mm"❶→偏置距离设为"0mm""−0.5mm"❷→生成 0.5mm 厚的薄壁❸→动模（后模）仁减去❸→完成动模（后模）仁切除→用同上方法完成定模（前模）仁切除❹，见图 4-94。

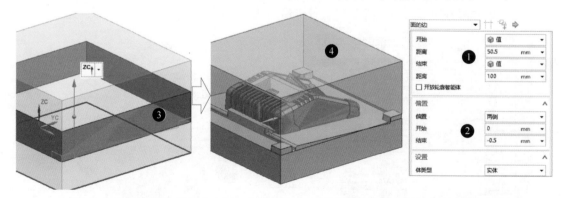

图 4-94　将突出 XY 平面的定模（前模）仁、动模（后模）仁部分四周切除 0.5mm

d. 移除全部参数并删除产品、定模（前模）仁、动模（后模）仁、镶件、滑块（行位）镶件之外的东西。

e. 排位：选择所有零件❶，以如图 4-95 所示的中心旋转 180°进行一模两腔排列❷→"确定"，生成模仁部分❸。

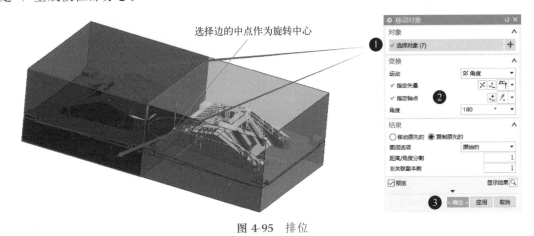

图 4-95　排位

4.3.3　模架设计

（1）移动对象

将模具中心移到绝对坐标原点。

（2）调模架

燕秀 UG 模具→注塑模架→简化细水口❶→FCH ❷→选择"4070"（模架的长×宽是400mm×700mm）→A 板厚❸→B 板厚❹→标准件选项❺→"确定"，见图 4-96。

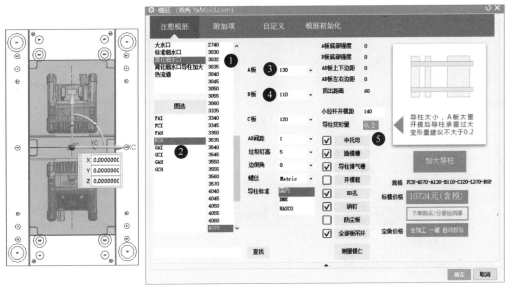

图 4-96　调模架（软件中为"模胚"）

（3）图层类别命名

菜单→格式→移动到图层（Ctrl＋L）→弹出"图层设置"对话框→光标移到空白→点鼠标右键→弹出菜单→"类别显示"前打"√"→点击"新建类别"→将新建的图层类别命名为FIX HALF，并归入 100～109 层。同上创建 MOVE HALF 图层，并将 110～119 层归入其中。常用的图层如下：

    a. 定模层：FIX HALF，包括 100～109 层，放置定模（前模）板及标准件；

    b. 动模层：MOVE HALF，包括 110～119 层，放置动模（后模）板及标准件；

    c. 滑块层：SLIDE，包括 30～39 层，放置滑块（行位）及标准件；

    d. 斜顶层：LIFTER，包括 40～49 层，放置斜顶及标准件；

    e. 顶杆层：EJECTOR，包括 70～75 层，放置顶针、顶管（司筒）等顶出零件。

（4）模仁减腔

避空角为 $R=16.5\text{mm}$。

4.3.4 滑块（行位）设计

（1）删除面

天、地侧两个吊环孔与将要设计的滑块（行位）干涉，先删除面：⬛ 插入→同步建模→删除面（C）→选择图 4-97 中两个吊环孔❶→"确定" ❷。

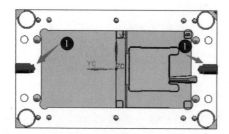

图 4-97　删除面

（2）滑块（行位）镶件设计

X 方向滑块（行位）中心线与模具中心距离为 34mm，Y 方向模仁边出来 20mm，Z 方向行位中心线与 XY 平面距离为 9.5mm，如图 4-98 所示绘制滑块（行位）镶件，滑块（行位）镶件高度为 24mm，转折处加 $R=3\text{mm}$ 的圆角，减少切削应力集中，冬菇头处倒 $C=4\text{mm}$ 角，以方便 CNC 加工，见图 4-98。此镶件材料选用进口 DME 1.2344 淬火钢材，确保耐磨。

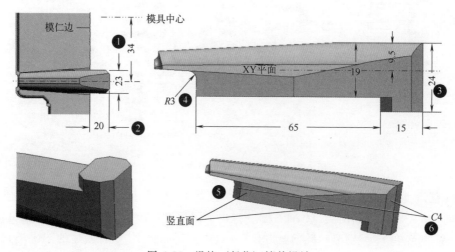

图 4-98　滑块（行位）镶件设计

（3）滑块（行位）座设计

燕秀 UG 模具→滑块斜顶→⬤→滑块 2❶→"指定放置点"❷→点击⊕→弹出的对话框中输入坐标值 X 为 −34mm，Y 为 −260mm，Z 为 −36.5mm❸→"确定"❹→弹出滑块（行位）座线框→顺时针转 90°❺→在滑块（行位）平面视图中拉动箭头，调整滑块（行位）宽度为 40mm❻→将视图调整为侧视图→拉动箭头将滑块（行位）尺寸调成：顶部长 "40"，长 "52"，厚 "46"❼→滑块斜面角度输入 "17"→"确定"❽，见图 4-99。

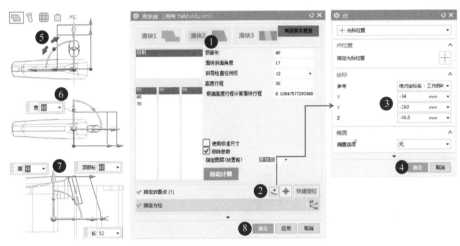

图 4-99　滑块（行位）座设计

（4）滑块（行位）压条设计

燕秀 UG 模具→滑块斜顶→方压条❶→指定 "16"❷→选择 B 板为固定体❸→选择滑块（行位）T 线❹→如图中方框所示输入参数❺→拖动箭头将方压条面与 B 板面做平或略低，要取整数❻→"确定"❼→将 T 脚与滑块（行位）本体合并❽→T 脚与模架避空 0.5mm❾→滑块（行位）座开镶件框❿→将压条放入 35 层，镶件放入 30 层，滑块（行位）座放入 31 层，见图 4-100。

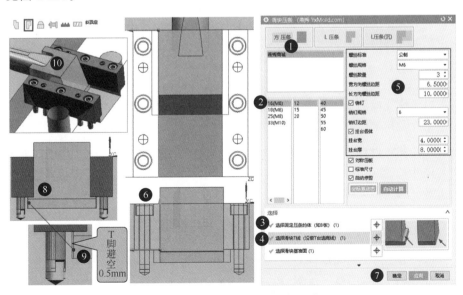

图 4-100　滑块（行位）压条设计

（5）铲机设计

燕秀 UG 模具→滑块斜顶→铲机"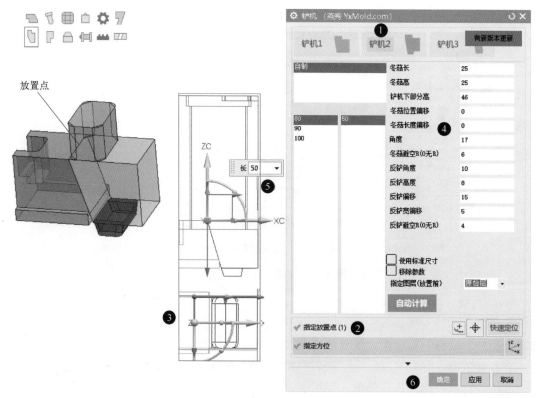"→选择"铲机 2"❶→选滑块（行位）顶边中点为放置点→顺时针转动视图 90°→先拉动线框中的箭头修改铲机的长、宽、高❸→再输入图中❹所示参数，将细节部分调到合理状态→"确定"❻→生成铲机并将铲机放入 32 层，见图 4-101。

图 4-101　铲机设计

反铲：为了减少因注射压力产生的铲机变形，从而避免产生因滑块（行位）后退引起夹口线，常在产品外观面上的因滑块（行位）和包胶面积较大的因滑块（行位）的铲机上增加设置在 B 板上的挡位。

（6）耐磨块设计

注意：耐磨块又叫油板，主要用于减少滑块（行位）的摩擦，增强滑块（行位）的稳定性和使用寿命，常用 DF2/DF3 淬火后磨削加工得到，还要开油槽或填充石墨来润滑。

耐磨块（油板）设计：燕秀 UG 模具→滑块斜顶→油板"▦"→选择放置面❶→拉动箭头改变其尺寸长 52mm×宽 40mm❷❸→拉动坐标原点的箭头改变其中心位置，让其一边与内模框边对齐❹→输入螺丝参数❺→输入多块耐磨板排位的参数❻→"确定"❼→生成油板❽，见图 4-102。

（7）开反铲框

显示油板和上一步生成的反铲减框体，替换实体▦▦：应用模块→注塑模→替换实体→间隙设置为 0.5mm❶→选面 1❷→选面 2❸→反向❹→"确定"❺→再把替换实体的两个侧面❻❼和顶面❽与耐磨板的两侧面和顶面替换平→再倒 $R=4mm$ 的两个圆角❾，见图 4-103。

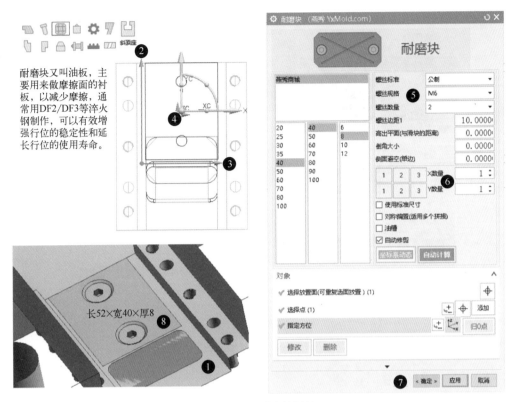

耐磨块又叫油板,主要用来做摩擦面的衬板,以减少摩擦,通常用DF2/DF3等淬火钢制作,可以有效增强行位的稳定性和延长行位的使用寿命。

长52×宽40×厚8

图 4-102　耐磨块设计

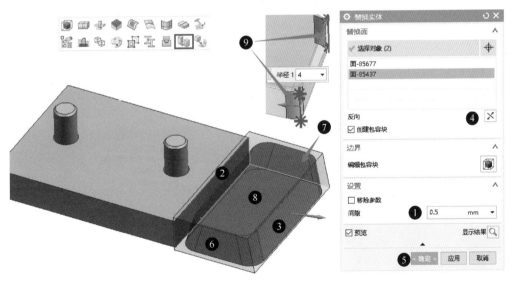

图 4-103　开反铲框

（8）斜导柱设计

燕秀 UG 模具→滑块斜顶→斜导柱 " " →锁板固定❶→选择 A 板❷→选择滑块基准面❸→选 "12" ❹→斜导柱位置为距前端面 "23" ❺→拖动箭头把压板尺寸改为 40mm× 25mm×25mm❻→压板前端与斜导柱起始端中心孔圆心距离为 10mm❼→滑块行程为 8mm ❽→"确定"❾，见图 4-104。

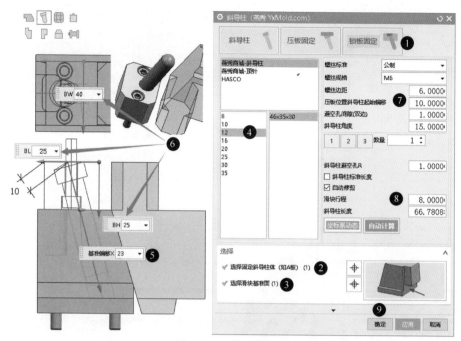

图 4-104 斜导柱设计

（9）铲机耐磨块设计

燕秀 UG 模具→滑块斜顶→油板"▦"→"使用标准尺寸"打"√"❶→选择铲机斜面作为放置面→选择其尺寸长"40"，宽"35"，厚"6"❷→按照图 4-105 中尺寸输入参数❸→拉动坐标原点的箭头向 Y 方向拖动 2mm→"确定"❻。

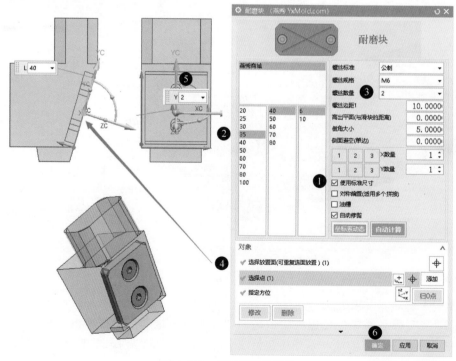

图 4-105 铲机耐磨块设计

（10）滑块（行位）限位设计

滑块（行位）中线做一 ϕ12mm 的圆柱，高 16mm，沉入模架 4mm，距滑块（行位）尾部 14mm，用 M5 螺栓锁在图 4-106 所示位置❶，滑块（行位）行程为 8mm，限位柱要与铲机避空 0.5mm❷，另将铲机底面和反铲底面内缩 1mm❸，这样合模时与模架有 1mm 的避空，以方便钳工配模❹。

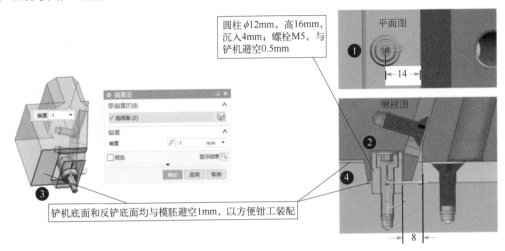

图 4-106 滑块（行位）限位设计

（11）弹簧设计 （见图 4-107）

燕秀 UG 模具 9.55→标准件 →燕秀商城❶→选"普通""压缩"❷→输入"5""8"

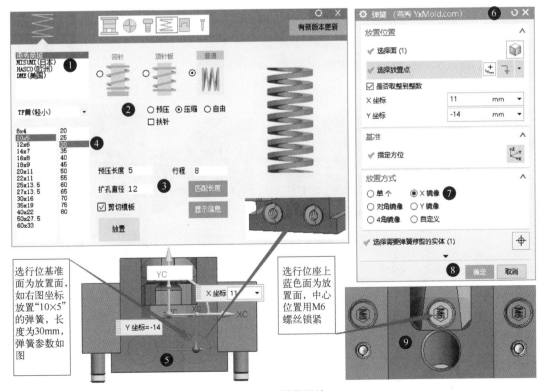

图 4-107 弹簧设计

"12" ❸→选择规格为"30""10×5"的弹簧❹→放置选箭头所指的滑块（行位）基准面
❺→弹出"弹簧"对话框❻→"放置方式"选择"X镜像"❼→选择放置点（11，−14）→
"确定"❽→在弹出的对话框中选择"取消"→再在弹出的新对话框中选择"生成3D"→生成
图4-107所示的弹簧实体及弹簧孔。

（12）滑块（行位）装配

镶件与滑块（行位）座已由冬菇头连接，限制其前后左右4个自由度，再用螺丝锁紧即可
完全定位。选择图4-107中滑块（行位）座上的蓝色面为放置面，用M6的杯头螺丝锁紧。

移动面：铲机冬菇头减腔，用M8的杯头螺丝进行锁紧❶，由于螺丝太长，将杯头向下拉
40mm❷，M8×100mm改成M8×60mm❸，完成滑块（行位）部分的装配❹，见图4-108。

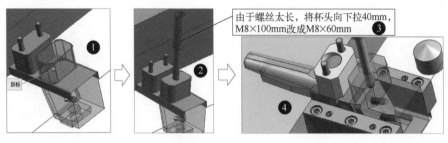

图4-108　移动面

4.3.5　斜顶设计

（1）斜顶头部设计

测量产品的扣位为1.3065mm❶，用包容体做好斜顶头部→X方向的碰数位必须是竖直
面，与YZ平面的水平距离为14.5mm❷→Y方向为斜顶侧面，必须是竖直面，与XZ平面
的距离为136mm❸→"复位止口"必须是水平的，与XY平面的垂直距离为24mm❹→"碰
数位"竖直高度为6mm❺→斜顶角度为4°❻→斜顶厚度为8mm❼→斜顶宽度为15mm❽，
见图4-109。

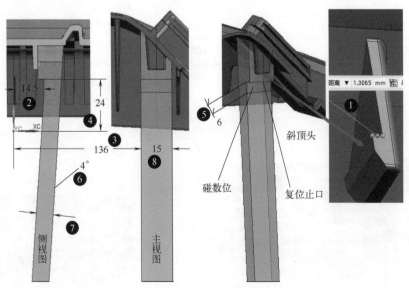

图4-109　斜顶设计

（2）斜顶座设计

燕秀 UG 模具 9.55→斜顶座⬚→原身 T 槽❶→选择斜顶❷→按照方框内容打"√"❸→输入顶出行程"45"，其他项自动生成，不用修改→拉动箭头，调节斜顶座的宽"27"、长"22"、高"40"❺❻❼→"确定"❽→生成 3D 斜顶座，见图 4-110。

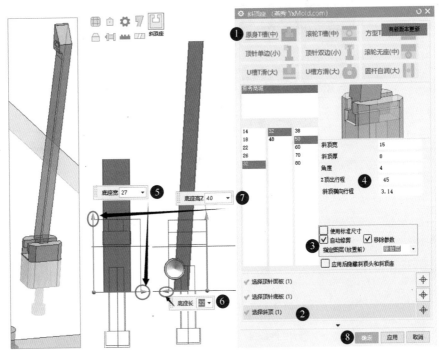

图 4-110 斜顶座设计

（3）移动面⬚

插入→同步建模→移动面（M）→选择面，框选如图 4-111 所示面❶→指定移动方向为 X❷→移动距离为 5mm→"确定"❸→得到图中所示面❹。

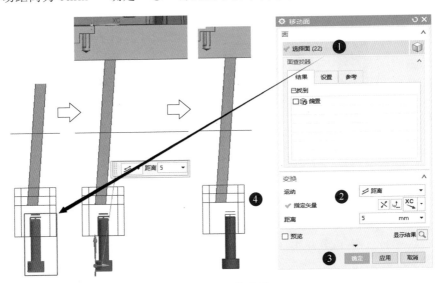

图 4-111 移动面

（4）导向块设计

燕秀 UG 模具→斜顶导向块→斜顶导向 2❶→选"10""25""40" ❷→"使用标准尺寸"前打"√" ❺→选 B 板的底面❸→选斜顶❹→"确定" ❻→生成导向块❼，见图 4-112。

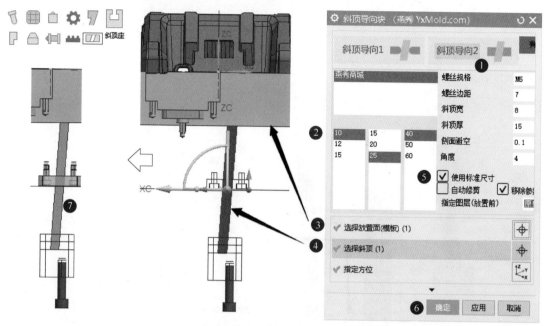

图 4-112　导向块设计（1）

将导向块和斜顶座❶从 YZ❷平面修剪，然后镜像❸，再将其合并起来，见图 4-113。

图 4-113　导向块设计（2）

（5）斜顶避空

燕秀 UG 模具→避空角→框选❶→选 4 条角边❷→半径输入"6"❸→样式选第 2 种❹→刀具样式选平底❺→选斜顶→"确定"❻。此处孔深是 50mm，刀具精加工深度为（5～6）R，此处一面加工不到位，可以分两次（上、下面）加工接通，见图 4-114。

（6）斜顶机构设计尺寸和装配

导向块：63.8mm×25mm×10mm❶，螺丝间距 51.8mm❷；推块尺寸 47mm×27mm×

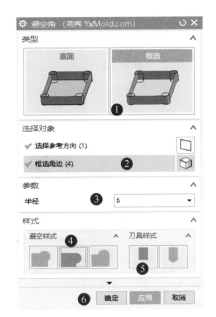

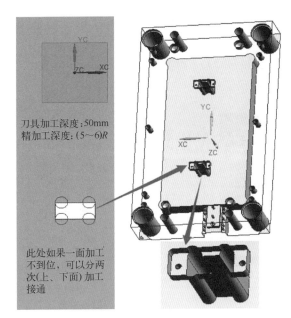

图 4-114　斜顶避空

40mm❸，螺丝间距 27mm❹；斜顶在 B 板上的避空孔为 38mm×17mm，避空角为 $R=$ 6mm❺；导块与 B 板 4 个侧面做 0.1mm 的间隙配合❻，导向块两侧面与斜顶做 0.2mm 的间隙❼；斜顶的两个斜面与导块做成滑配❽，不能太紧；斜顶与座之间配合间隙为 0.1mm ❾，见图 4-115。

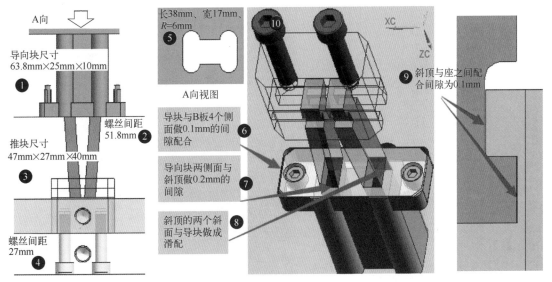

图 4-115　斜顶机构设计尺寸和装配

4.3.6　定模（前模）内滑块（行位）设计

（1）滑块（行位）成型部分设计

① 产品行程设计：扣位长度为 4.3mm❶，滑块（行位）理论行程设定为 6.3mm❷，实际行程通过测量得到，限位行程则一般比测量行程大 0.5~1mm，滑块（行位）上开的 T

形槽底部到胶位距离要大于 5mm❸，拔块的有效拔出高度为 60mm❹，滑块（行位）角度调整到 6°❺，见图 4-116。

② 扣位包容块长宽 "22mm×56mm" ❻，方块底面❼与分模面❽相平，顶部与定模（前模）仁顶部齐平，与模具中心线距离为 7mm❾，与模仁边距离为 68mm❿。

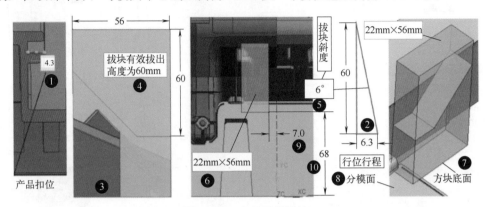

图 4-116　产品行程设计

（2）内滑块（行位）设计

按图 4-117 中尺寸设计成两个对称的结构，T 形槽斜度为 6°❶，底部最小间距为 14mm❷，顶端设计成倒 "L" 形状，厚度 30mm❸，宽度 56mm❹，底部设计 T 脚，厚 8mm，宽 5mm❺，"L" 形端面距模仁中心线 53mm❻，中间开设 T 形槽，规格为 30mm（顶宽）×40mm（底宽）×6mm（顶深）×6.5mm（底深）❼，滑块的槽在 Z 方向深度为 61mm，拔块深为 60mm❽，拔块的 T 形头底面与槽留 1mm 的间隙❾，见图 4-117。

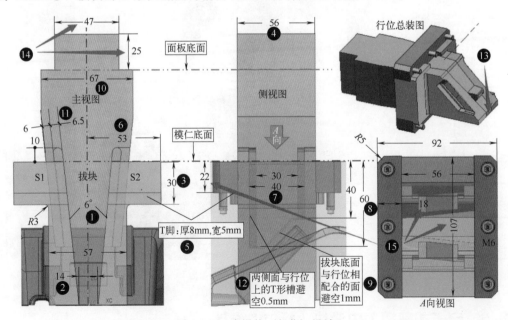

图 4-117　内滑块（行位）设计

（3）拔块设计

此零件开模时拔动两个滑块（行位），合模时又起锁紧滑块（行位）的作用，注塑时又是成型件。其长 67mm，宽 56mm❿，与两个滑块（行位）的后侧面配合，T 形头与滑块

（行位）T形槽相配，拔动面与滑块（行位）T形槽受力面留 0.5mm 间隙更加安全（槽宽 6.5mm，拔块突起宽 6mm）❶，T 形头的两侧面也要与滑块（行位）槽避空 0.5mm❷，拔块的下端面大部分是成型面，还有部分是封胶面❸，顶部用冬菇头❹与面板螺栓锁紧，滑块（行位）顶面略低于模仁底面（0.1mm），以防装配模仁时压得太紧，不能滑动。

（4）滑块（行位）压条设计

压条尺寸为 107mm×22mm×18mm，与模仁的底部平齐，见图 4-118。

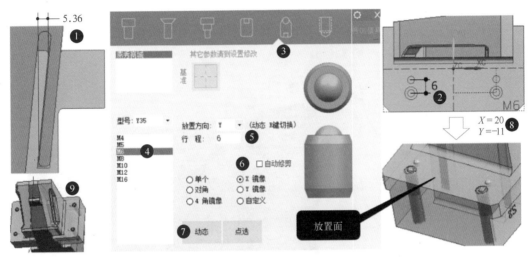

图 4-118　滑块（行位）压条设计

（5）滑块（行位）限位设计

实测拔块拔出行程为 5.36mm❶，滚珠限位行程应稍大 0.5～1mm，这样更加安全，因而实际限位行程 S＝6mm❷。具体操作步骤如下：燕秀 UG 模具→螺丝🔩→滚珠❸→"M6"❹→Y 向→行程 "6"❺→不修剪→X 镜像❻→动态❼→选择中间面为放置面→调整坐标值为（20，－11）❽→点击左键确认→"取消"→在弹出的对话框中选择 "生成 3D"→将生成的滚珠和减腔滚珠以 YZ 平面镜像❾→将减腔滚珠减去模仁，得到滚珠限位孔，见图 4-118。

（6）拔块成型部分设计

A 放大图中品红色部分留在拔块上❶，B 放大图中，从等斜度线水平拉出 6mm❷❸，拔块做成 5°插入动模（后模）仁❹，底面做成 R＝2mm❺，见图 4-119。

图 4-119　拔块成型部分设计

4.3.7 浇注系统设计

（1）进胶口设计

① 产品表面滚珠位设计：细水口针点进胶的模具，为了避免拉断胶口时表面残留影响产品装配，通常在进胶点位置做一个 $SR=4.25$mm 的球形凹坑，深度不超过胶厚的一半。薄壁件做成 0.5mm 深❶，口径 4mm❷；常规件做成 0.8mm 深❸，口径 5mm❹。创建一个 $SR=4.25$mm❺的球，球心位置（$X=0$）距产品基准 44mm❻，距产品表面 3.45mm❼。用球减去产品得到滚珠位❽。NX 球的做法：插入→设计特征→球→在弹出的对话框中输入球心坐标和直径→"确定"，见图 4-120。

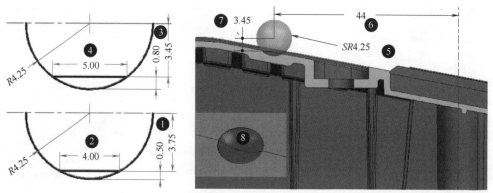

图 4-120 NX 球的做法

② 针点浇口设计：以 $X=0$，$Y=104.5$，$Z=50.45$ 为原点向 ZC 方向作一个 $\phi1.2$mm ❶、高 3mm 的圆柱，并做 20°❷Z 向拔模，生成一个圆锥形针点浇口❸，见图 4-121。

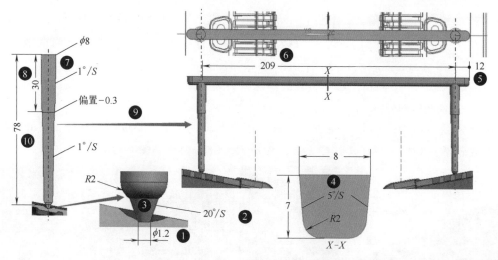

图 4-121 浇口设计

（2）流道设计

A 板底面的主流道尺寸为宽 8mm，深 7mm，侧面斜度 5°，底部 $R=2$mm❹，冷料长度 12mm❺；两支竖流道中心距 209mm❻，大端直径 8mm，斜度 1°/S❼，模架段长 30mm❽，模仁水端直径段比模架段小端径内缩 0.3mm❾（为了避免装配时产生的误差导致胶口料向上抽时出现倒扣），长度为 78mm❿，底部 $R=2$mm，见图 4-121。

（3）定位环、浇口套设计

燕秀 UG 模具 9.55→唧嘴❶→规格选"100"❷→动态❸→小端直径"5"❹→唧嘴角度（双边）"10"❺→"确定"❻→生成 3D 图，见图 4-122。

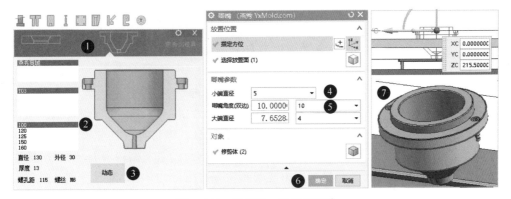

图 4-122　定位环、浇口套设计

（4）钩针设计

燕秀 UG 模具 9.55→点钩针"🔧"❶→细水口钩针❷→"8"❸→"M12"❹→钩针锥形波点深度"4"、钩针凸起"1"❺→选择模仁❻→选择竖流道圆心为放置点❼→"确定"❽→生成钩针、无头螺丝和浇口铜公→删除铜公❾，见图 4-123（本例已做好了针点浇口，就不需要生成的铜电极，通常情况下可以把扣针与电极一起调出来）。

（5）冷料井设计

为了便于冷料完全进入冷料井，冷料井大端直径比浇口套进胶孔大端大 1～2mm，深度取流道深的 2.5 倍（如流道深 6mm，则冷料井深为 15mm），斜度与梯形流道斜度一致❿，见图 4-123。

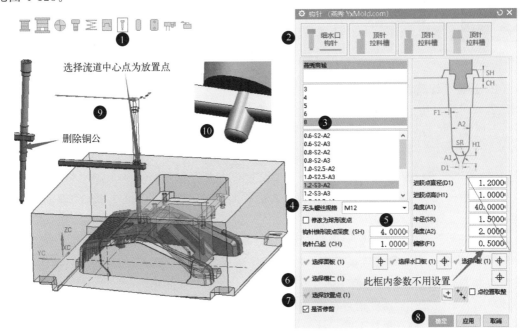

图 4-123　钩针设计、冷料井设计

4.3.8 顶出系统设计

（1）推块设计

推块是针对大深塑料件的顶出方式设计的，由于顶块与产品有大面积接触，顶出时产品承受压强较小，可有效减小产品变形。推块机构由顶针、推块、锁紧螺栓三个部分组成，推块用耐磨损、耐热、具有较好的强度和硬度的材料制作，通常可用 2344 淬火料，或者用预硬的 2316H（不锈钢）或 718H 氮化料。

推块设计：以内模两直边向内偏 38mm、90mm ❶（从底面向上的视角），Z 方向 －18mm❷为基准，创建一个长 80mm、宽 22mm、高 25mm 的方块❸→以底面为固定面，将❸侧面向 Z 方向拔模 3°/S（靠着大镶件一侧不用）❹，再将推块两侧设计 10°倾斜角度（防止推块向模具中心偏移）❺→推块内侧长边与镶件侧面做平→侧棱倒 R＝4mm 圆角，模仁对应配合框倒 R＝3.5mm 圆角❻，留出装配间隙→按图 4-124 中标注尺寸调 ϕ10mm 的顶针两支❼，顶针间距 60mm，顶针沉入推块底面 3mm❽，顶针底部做止转位❾→用 M6 螺丝将推块与顶针锁紧❿。

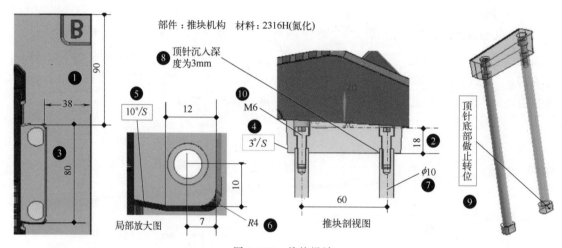

部件：推块机构   材料：2316H(氮化)

图 4-124　推块设计

（2）顶管（司筒）设计

顶管（司筒）用于产品中管位的顶出，顶管（司筒）内针直径大于管子内径，尾数取 0 或 0.5，顶管（司筒）的外径小于管子外径，尾数取 0 或 0.5。

①燕秀调顶管（司筒）：燕秀 UG 模具→顶针类"✛"→顶管（司筒）"◉"❶→顶管（司筒）规格"8"❷→内针规格"6"❸→检查红色框参数是否正确（一般不用修改）❹→选择较小镶件❺→选择模具底板❻→选择顶针面板顶面❼→选择管的中心点❽→"确定"，见图 4-125。

②顶管（司筒）针压板（见图 4-126）：燕秀 UG 模具 9.55→选标准件模块中的压板"▦"❶→压板（方）❷→选模具底板的底面→选顶管（司筒）针的底面→把坐标原点拖至顶管（司筒）针的底面圆心❸→使用标准尺寸不打"√"（此项打"√"则必须选用对话框中规格型号，如不打"√"则可自定义尺寸）→转动坐标调整压块为如图 4-126 所示方向→点亮"XC 移动－6"❹（螺丝不能与针干涉）→调整宽度为 14mm❺→调整长度为 28mm❻→"确定"❼，同上做出其他 3 支顶管（司筒）针的压块。

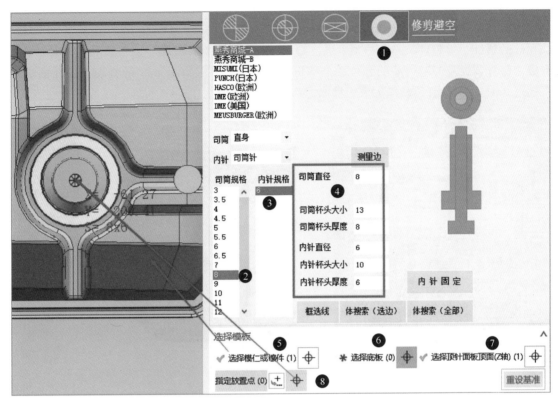

图 4-125 燕秀调顶管（司筒）

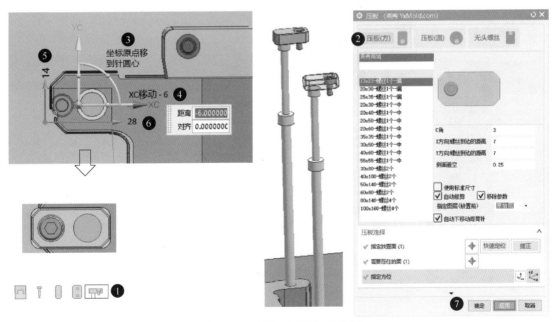

图 4-126 顶管（司筒）针压板

③ 修剪顶管（司筒）：燕秀 UG 模具 9.55→选标准件模块中的"顶针修剪 ▮"→选择品红色镶件→"确定"，修剪两支顶管（司筒）→再选第二块镶件→"确定"，修剪另外两支顶管（司筒）。

（3）顶针设计

顶针分布如图 4-127 所示，$\phi 2mm$ 的有托顶针 10 支❶，$\phi 4mm$ 的有托顶针 6 支❷，$\phi 5mm$ 的顶针 2 支❸，$\phi 8mm$ 的顶针 6 支❹，$\phi 6mm$ 的顶针 4 支❺，$\phi 2.5mm$ 的傍骨顶针 4 支❻。傍骨顶针需要对产品的骨位顶出部分加胶成圆柱，最好做 0.5° 的拔模，顶针的直径不超过 3mm，以防骨位胶厚太大，缩水之后引起表面凹陷。

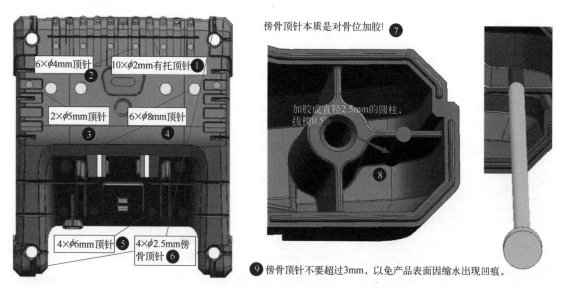

图 4-127 顶针设计

（4）顶出板相关零件设计

① 撑头设计：$\phi 40mm$ 的撑头 8 个，4 角镜像按如图 4-128 所示位置分布。

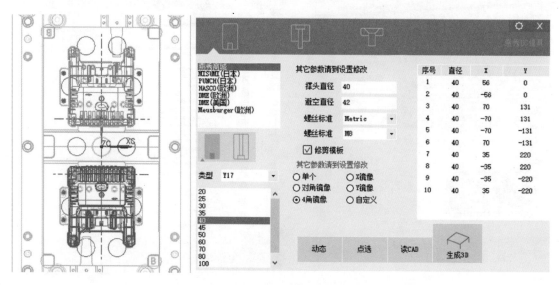

图 4-128 撑头设计

② 限位柱设计：4 根，顶出行程为 45mm，限位柱高 15mm，直径 30mm，位置分布见图 4-129。

③ 垃圾钉设计：28 个 20×M6 的垃圾钉如图 4-130 所示均布。

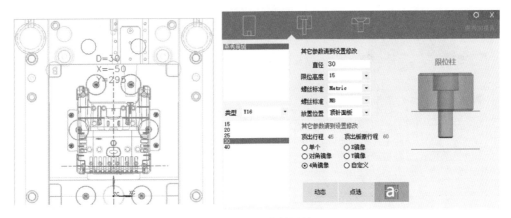

图 4-129 限位柱设计

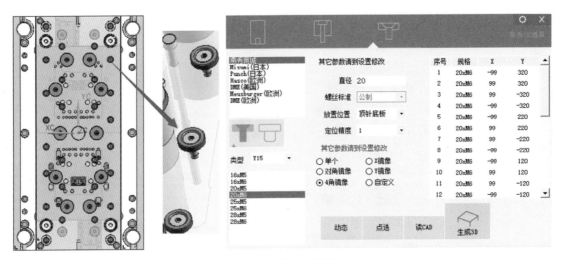

图 4-130 垃圾钉设计

④ 顶针板弹簧：弹簧压缩比 θ 应取 $35\%\sim50\%$，推算可得弹簧长度 L 计算公式（S 为顶出行程；Sa 为弹簧的预压量，对于顶针板弹簧，通常 Sa 取 $0.1L$）：

$$因为 \quad 35\%\leqslant\frac{S+Sa}{L}=W\leqslant50\% \quad 又 \quad Sa=0.1L \tag{4-3}$$

$$所以 \quad 35\%\leqslant\frac{S+0.1L}{L}=W\leqslant50\%\Longrightarrow35\%\leqslant\frac{S}{L}+0.1\leqslant50\%\Longrightarrow25\%\leqslant\frac{S}{L}\leqslant40\% \tag{4-4}$$

由式（4-4）可得：

$$2.5S\leqslant L\leqslant4S \tag{4-5}$$

根据式（4-5）得到弹簧的长度范围，选择其中合适的规格。本案例顶出行程 $S=45\mathrm{mm}$，计算得出：$112.5\mathrm{mm}\leqslant L\leqslant180\mathrm{mm}$，符合条件的有 $125\mathrm{mm}$、$150\mathrm{mm}$、$175\mathrm{mm}$ 三种，可根据 B 板的厚度选择 $150\mathrm{mm}$ 的长度。

调弹簧：燕秀 UG 模具 9.55→标准件〰→燕秀商城❶→回针弹簧❷→选 "5×27.5" "125"❸→预压长度输入 "12.5"❹→行程输入 "45"❺→扩孔直径输入 "52"❻→剪切模板打 "√"❼→预览→生成3D❽→将生成的弹簧移动到 119 层，见图 4-131。

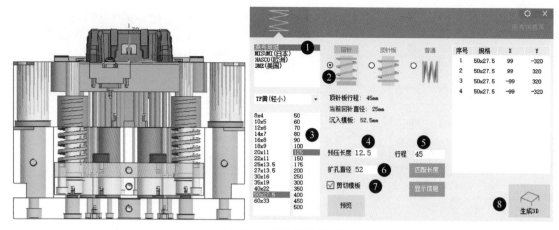

图 4-131 顶针板弹簧设计

4.3.9 冷却系统设计

（1）动模（后模）冷却水路

动模（后模）共设计 3 条 ϕ8mm 的蓝色冷却水路和 8 个 ϕ12mm 的水井❶→两条 ϕ10mm 的灰色冷却水路（L1、L2）❷和 3 条蓝色水路（L3、L4、L5）从模架通过，按运水走向示意图❸设置水井，红色的箭头指示运水的走向，水井伸入模仁用来冷却镶件，见图 4-132（a）和图 4-132（b）。

① 燕秀 UG 模具 9.55→"水路工具"模块中选"模板水路⌐⌐"→半圈❹→按对话框调出→按图中尺寸进行调整（L1、L2）❺，见图 4-132（a）和图 4-132（c）。

② 燕秀 UG 模具 9.55→"水路工具"模块中选"模板水路⌐⌐"→直通模架→按对话框调出→按图中尺寸进行调整（L3、L4、L5）。

③ 燕秀 UG 模具 9.55→"水路工具"模块中选"模板水路⌐⌐"→"水井"❻→"运水直径"输入"12"→选模仁的底面→旋转坐标至隔水片与水管垂直→分别拖动 X、Y、Z 坐标轴

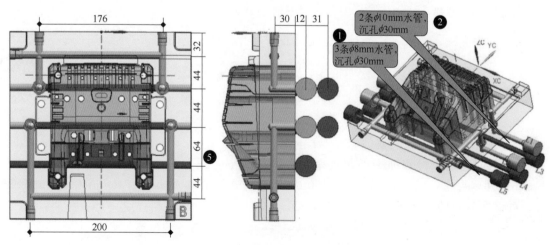

(a)动模(后模)冷却水路结构

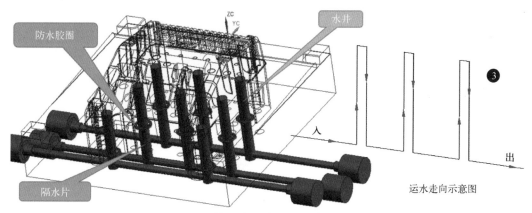

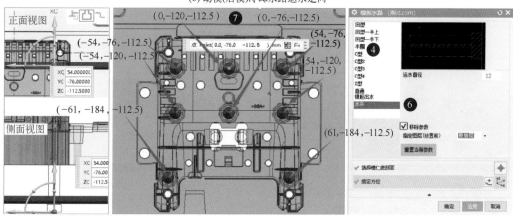

(c) 动模(后模)冷却水路参数

图 4-132 动模（后模）冷却水路

到（54、−76、−112.5）→"确定"→生成第 1 个水井→用以上方法，按照图中坐标值（0、−76、−112.5）、（−54、−76、−112.5）、（−54、−120、−112.5）、（0、−120、−112.5）、（54、−120、−112.5）、（−61、−184、−112.5）、（61、−184、−112.5）❼，逐一生成水井。

注意：生成水井之后要把下端的喉塞删除，模仁与模架之间要加上防水胶圈，见图 4-132（c）。

（2）定模（前模）冷却水路

① 以模具中心为坐标原点，根据节点坐标（表 4-4）绘制运水中心线图（见图 4-133）。

第 1 步：插入→曲线→基本曲线（1），在跟踪条中输入节点 1 坐标❶→回车→点击"ZC"❷，使直线与 ZC 平行→将跟踪条拖到下方，使直线向下走→输入直线长度"45"❸→回车，画好第 1 条直线；

第 2 步：点击"YC"❹，使直线与 YC 平行→将跟踪条拖到左方，使直线向左走→输入直线长度"65"❺→回车，画好第 2 条直线；

第 3 步：点击"XC"❻，使直线与 XC 平行→将跟踪条拖到左上方，使直线向左上走→输入直线长度"180"❼→回车，画好第 3 条直线；

第 4 步：点击"YC"❽，使直线与 YC 平行→将跟踪条拖到右上方，使直线向右上走→输入直线长度"65"❾→回车，画好第 4 条直线。

依此类推，根据图中所给的坐标画好 LINE6、LINE7、LINE8、LINE9 四组运水曲线。

表 4-4　GD22094 定模（前模）仁运水中心线节点坐标

序号	X	Y	Z	序号	X	Y	Z
1	90.0	−160.0	117.0	9	105	−30	117
2	90.0	−160.0	72.0	10	105	−30	27
3	90.0	−225.0	72.0	11	30	−30	27
4	−90.0	−225.0	72.0	12	30	−30	72
5	90.0	−130.0	117.0	13	30	−100	72
6	90.0	−130.0	37.0	14	105	−100	72
7	90.0	−225.0	37.0	15	105	−100	117
8	−90.0	−225.0	37.0				

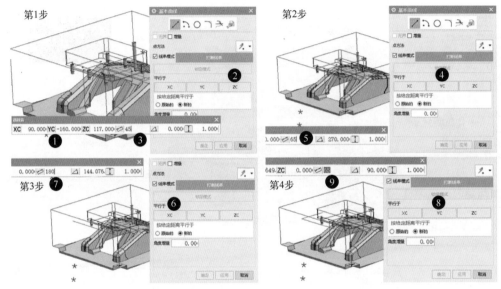

图 4-133　绘制运水中心线

② 插入→扫掠→管道（Alt＋U）→选择 LINE6 的第 1 段❶→输入外径"10"❷→输出单段❸→"确定"❹，生成第一段水管→依此类推，生成所有管路，见图 4-134。

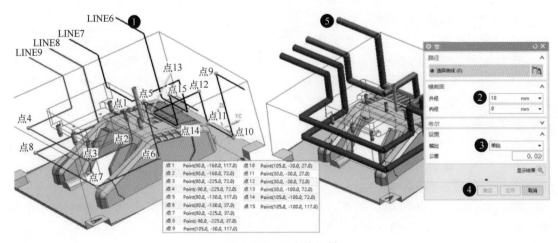

图 4-134　运水管绘制

③ 调水管接头、喉塞、胶圈：燕秀 UG 模具→水路零件库→接头→"1/4-φ10"→圆弧→选择圆弧边，选水管边线→"确定"，依此类推，调出 NPT1/4″喉塞 12 个→调出线径2.5mm，内径 12mm 的高温胶圈 8 个，见图 4-135。

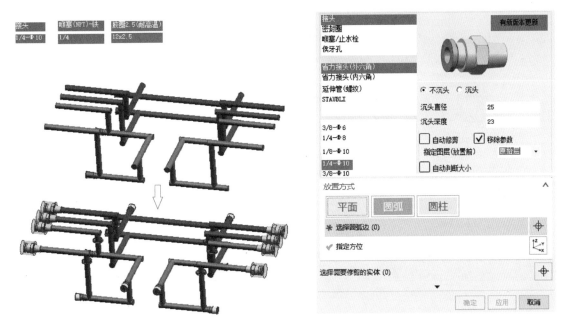

图 4-135　调水管接头、喉塞、胶圈

4.3.10　开模零件设计

（1）小拉杆设计

注意事项：细水口模每个周期有 3 次开模，拉杆的作用是控制第 1 次开模和第 2 次开模的距离。

① 第 1 次开模。

a. 开模动作：流道板与 A 板开模；

b. 开模作用：把流道料从 A 板拉出；

c. 开模距离：$L_1 = L_0 + (20 \sim 40)$mm（L_0 指流道料在开模方向的最大投影长度）。

② 第 2 次开模。

a. 开模动作：流道板与面板开模；

b. 开模作用：把唧嘴料和钩针的包胶刮下来；

c. 开模距离：$L_2 = 12 \sim 16$mm（小于 3030 的模具 L_2 取 10mm 即可）。

③ 第 3 次开模。

a. 开模动作：A、B 板开模；

b. 开模作用：取出产品；

c. 开模距离：开到最大行程。

④ 小拉杆设计：燕秀 UG 模具→标准件→开模控制零件❶→小拉杆❷→小拉杆＋小拉杆螺丝❸→拉杆型号"16"❹→按方框内容输入拉杆的参数❺→拉杆的坐标为（147，217）且 4 角对称❻→"确定"❼，见图 4-136。

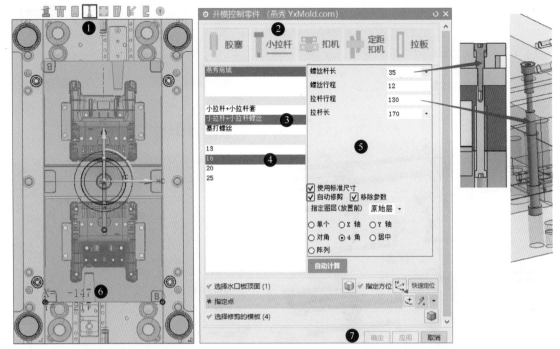

图 4-136　小拉杆设计

（2）HASCO 标准 Z171 扣机安装

① Z171 扣机行程计算：$L_K = L_1 + L_2 - (1 \sim 2)$ mm。扣机行程比拉杆总行程小 1～2mm 的欠量，这是为了确保两次开模之后，扣机能成功打开，考虑了加工和装配误差累积。

② 此装置为 HASCO 标准件，用来控制开模的顺序，由短剑❶、长剑❷、扣块❸、方盒❹四个主要部分组成。短剑❶、长剑❷、方盒❹分别锁在三块不同的模板上，扣块❸扣住方盒❹和短剑❶，长剑❷则需要随着第 1 块模板运动一段距离 S 后通过斜面❺逼开扣块，第 2、3 块模板才能打开。随着继续开模，长剑离开方盒，弹簧❻将扣机复位，见图 4-137。

③ 扣机的调用：燕秀 UG 模具→标准件 →开模控制零件 ❶→定位扣机❷→欧标-Z171❸→Z171-2❹→选择地侧为放置平面→拖动箭头调整方盒中心到地侧中线距离为 80mm❺→平面偏移 40mm（方盒底面与 XY 平面的距离）❻→行程 140mm❼→行程杆长 320mm❽→固定杆长 120mm❾→放置方式为"对角"→"确定"，见图 4-138。

4.3.11　模脚、锁模片、对锁设计

模脚一般设置在模具地侧，以模具自身重力分布为考量。吊环孔设置不仅要考虑单块模板吊装，还要考虑整套模具的吊装。

（1）模脚设计

燕秀 UG 模具→标准件→安全扣/模脚❶→模脚❷→标准型→选择"40""50"❸→选模具地侧 A 板面为放置面❹→按图 4-139 所示尺寸进行定位→"确定"。

（2）锁模片设计

燕秀 UG 模具→标准件→安全扣/模脚❶→安全扣→选择操作侧流道板面和 B 板面→调整长度到 180mm，两螺丝距离为 160mm❺→调整锁模片坐标位置 Y 方向为"275"→"确定"，见图 4-139。

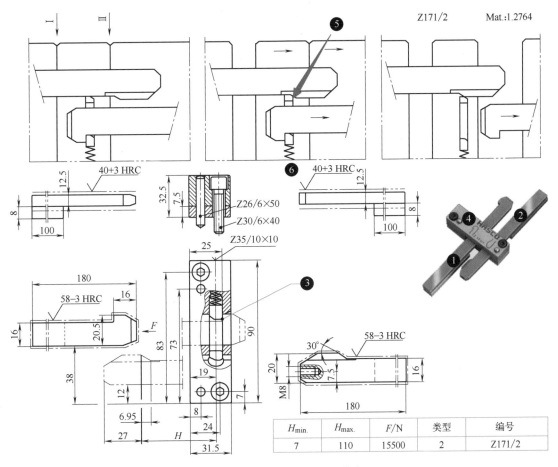

图 4-137　HASCO 标准 Z171 扣机

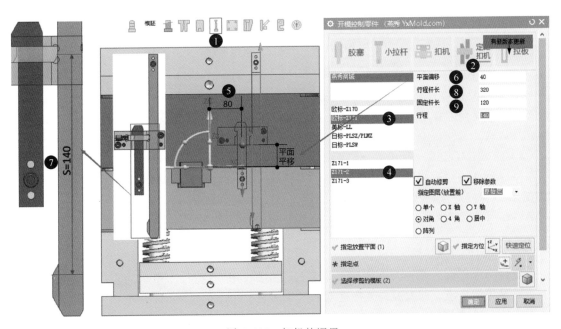

图 4-138　扣机的调用

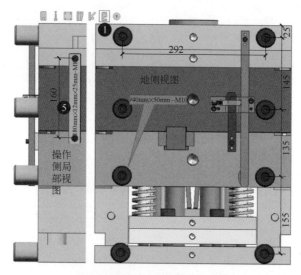

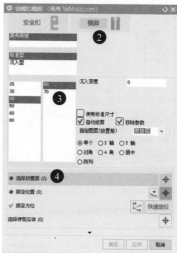

图 4-139 模脚、锁模片设计

（3）对锁设计

① 对锁起定模（前模）、动模（后模）定位作用，需成对使用，一般机壳类模具精度要求不高。产品公差要求±0.02mm 时，可选用斜度对锁；产品公差要求±0.01mm 时，可选用直身边锁。

② 燕秀 UG 模具→标准件→![icon]❶→长锁❷→燕秀商城→竖向❸→TBL100❹→4 角❺→指定位置点❻→在 B 板面上选大致位置点→点击左键→拖动箭头调节到 $X=115$，$Y=165$→"确定"→生成对锁，将定模（前模）部分放到 100 层，动模（后模）部分放到 110 层，并对 A、B 板减腔，见图 4-140。

4.3.12 排气设计

模具的型腔与外界有两个通道：一是浇注系统，即型腔与注塑机的料筒之间的物料通道；二是排气系统，即型腔与外界连通的气体通道。

（1）排气基本知识

① 气体的来源：物料中的水蒸气、塑料和添加剂挥发的气体、型腔中的空气。

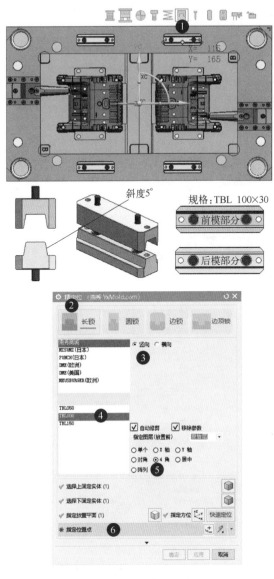

图 4-140 对锁设计

② 排气不良的危害：影响快速填充、造成填充不满和产品烧焦、产生气泡、产生开模负压导致脱模困难和损伤产品。

（2）设计步骤

① 直通排气：燕秀 UG 模具→模具特征→排气 ❶→直通排气 ❷→选择绿色面为排气面 ❸→选择红色边为排气边 ❹→排气间距为 10mm ❺（当边较长时，可以通过改变间距来改变直通排气的条数）→方槽或圆槽都可以，水平面用方槽，曲面用圆槽→按图 4-141 所示输入排气槽尺寸 ❻→"确认"→生成排气槽 ❼→依此类推，生成排气槽 ❽ ❾。

② 多级排气：燕秀 UG 模具→模具特征→排气 →多级排气 ❶→选择绿色面为排气面 ❷→选择红色边为排气边 ❸→排气间距为 20mm ❹（当边较长时，可以通过改变间距来改变直通排气的条数）→方槽或圆槽都可以，水平面用方槽，曲面用圆槽→按图 4-142 所示输入排气槽尺寸 ❺→"确定" ❻→生成排气槽。

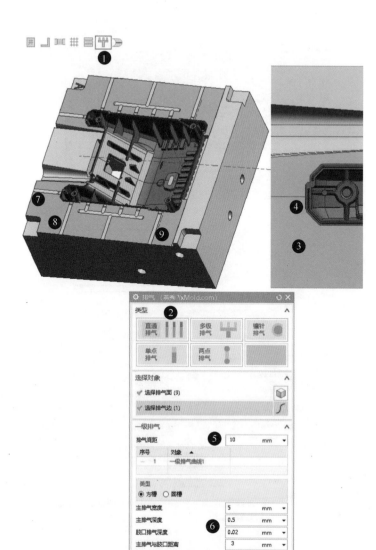

图 4-141　直通排气

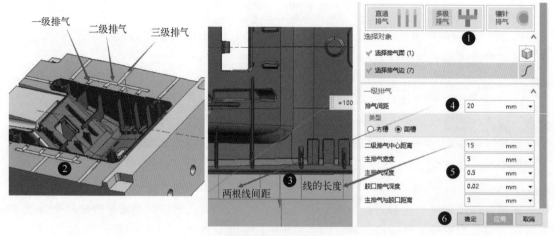

图 4-142　多级排气

4.3.13　全 3D 装配图

① 旋转 180°，复制第一腔的模仁、滑块（行位）、斜顶等机构并减腔和图层分类。

② 定模（前模）仁、动模（后模）仁、镶件和拔块用螺丝紧固：按图 4-143 所示大致位置用相应规格螺丝进行紧固。

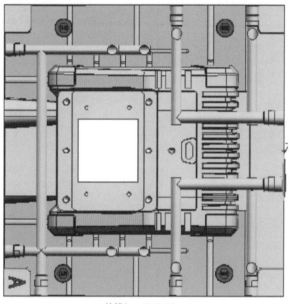

前模仁：4×M10

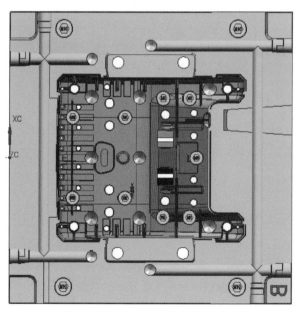

后模框：4×M10；镶件1：4×M8；镶件2：3×M8

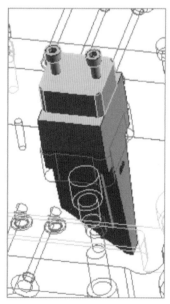

行位拔块：2×M8

图 4-143　定模（前模）仁、动模（后模）仁、镶件和拔块用螺丝紧固

③ 图层类别：按表 4-2 进行图层分类。

④ 模架表面刻字：模架表面吊环孔、冷却水孔需标注上编号字码，天侧、地侧、操作侧和基准侧分别按螺丝大小和运水走向加上字码，见图4-144。

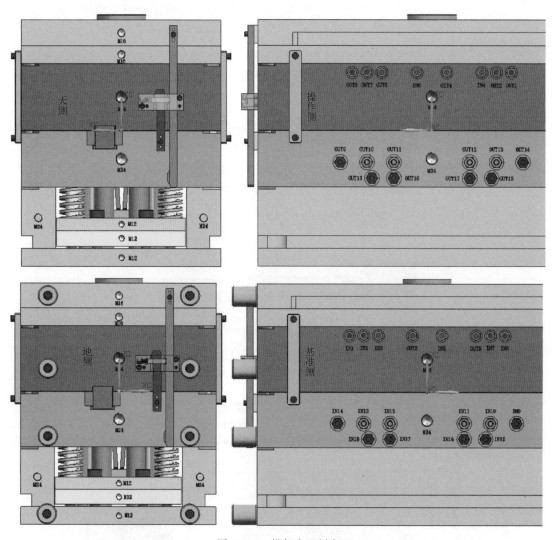

图 4-144　模架表面刻字

4.3.14　UG 工程图

（1）NX12工程图设置

① 背景设置，见图4-145。

a. 单色设置：文件→首选项→可视化→"颜色/字体"→"单色显示"不打"√"❶→"确定"。

b. 背景设置：文件→首选项→背景→"纯色"❷❸→普通颜色设为白色❹→"确定"。

② 字体设置：文件→首选项→制图→"文字"❺→按红色方框设置❻→"确定"。

③ 公共设置：箭头、原点、尺寸的前后缀，见图4-146。

a. 直线/箭头（指箭头和箭头线，不包括直线）：文件→首选项→制图→"公共"→"箭头"❶→"应用于整个尺寸"打"√"（此项会将所有箭头和箭头线设为箭头色）❷→"显示箭头"打"√"并设为品红色❸。

b. 前缀/后缀（常用符号的设置）：文件→首选项→制图→"公共"→"前缀/后缀" ❹→按照红色框设置 ❺。

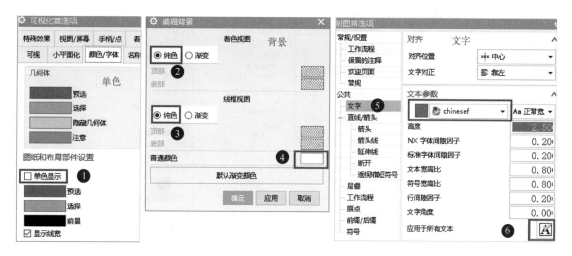

图 4-145 背景设置

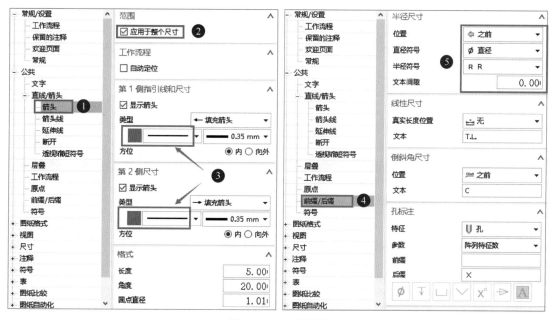

图 4-146 公共设置

c. 原点：第一偏置设为 10mm，间距设为 10mm（图略）。

④ 视图设置：常规、可见线、隐藏线、光顺线、虚拟交线，见图 4-147。

a. 文件→首选项→制图→视图→常规❶→按图 4-147 中所示打 "√"。

b. 文件→首选项→制图→视图→公共→可见线❷→按图 4-147 中所示打 "√"。

c. 文件→首选项→制图→视图→公共→隐藏线❸→按图 4-147 中所示打 "√"。

d. 文件→首选项→制图→视图→公共→光顺线❹→按图 4-147 中所示打 "√"。

e. 文件→首选项→制图→视图→公共→虚拟交线❺→按图 4-147 中所示打 "√"。

⑤ 截面、详细视图设置。

图 4-147 视图设置

a. 文件→首选项→制图→视图→截面线→设置→显示背景❶→创建剖面线❷，见图 4-148。

b. 文件→首选项→制图→视图→详细❸→剪切边界❹，见图 4-148。

c. 文件→首选项→制图→视图→截面线→显示剖切线❺→格式❻→箭头❼→箭头线❽，见图 4-148。

图 4-148　截面、详细视图设置

⑥ 尺寸设置，见图 4-149。

a. 文件→首选项→制图→尺寸→折线❶→按图 4-149 中方框设置。

b. 文件→首选项→制图→尺寸→坐标❷→按图 4-149 中方框设置。

c. 文件→首选项→制图→尺寸→单位❸→按图 4-149 中方框设置。

d. 文件→首选项→制图→尺寸→方向和位置❹→按图 4-149 中方框设置。

e. 文件→首选项→制图→尺寸→附加文本❺→按图 4-149 中方框设置。

图 4-149 尺寸设置

⑦ 注释，见图 4-150。

a. 文件→首选项→制图→注释→GDT❶→格式❷→应用于所有注释❸，见图 4-150。

b. 文件→首选项→制图→注释→中心线❹→格式→应用于所有注释，见图 4-150。

c. 文件→首选项→制图→注释→剖面线/区域填充→剖面线❺→格式❻，见图 4-150。

图 4-150 注释

（2）模具总装图

绘制好全 3D 装配图后，还要用工程图的形式绘制装配图。

① 重设置图层：为了方便制作装配工程图，还需将各部件重新分层，见表 4-6。

② 新建图纸页：应用模块→制图→工程制图→新建图纸页 ▣ →标准尺寸❶→选 A0 图

纸→比例设为 1：2❷→第三角视图 ❸→基本视图命令❹→"确定"→弹出"基本视图"对话框→俯视图❺→点击左键将基本视图放到图框合适位置→弹出"投影视图"→关闭，见图 4-151（点图标  可进行基本视图设置，如线条、线型、颜色等❻）。

表 4-6　MOLD-2A 工图层表

分组	图层	内容	分组	图层	内容
前模部分	5	产品	后模部分	70	所有后模部件
	8	流道/水口扣针		71	天侧后模行位镶件
	60	所有前模部件		72	天侧后模斜顶
	61	天侧前模内行位		73	天侧后模推块
	63	天侧扣机前模部分		77	天侧扣机后模部分

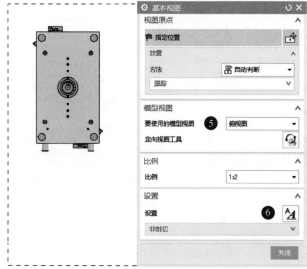

图 4-151　新建图纸页/俯视图

③ 视图中可见层：菜单→格式→视图中可见层→选"Top@16"❶→"确定"❷→将 70～73 层设为可见层❸→"确定"❹→右键点击俯视图❺→在弹出的快捷菜单中点击"更新"❻→框选更新后的整个俯视图→按 Delete 键可以删除中心线，且不会删除图中的实线和虚线，见图 4-152。

④ 仰视图：基本视图 ❶→仰视图❶→定向视图工具 ❷→弹出"定向视图工具"对话框❸和"定向视图"动态窗口❹（用这两种方法都可定向视图，动态窗口定位更为方便）→在视窗中把视图旋转到图 4-153 所示位置❺→按 F8 摆正视图→点击中键放置视图→设置 60 层为可见层❹→右键点击仰视图边界❺→在弹出的快捷菜单中点击"更新"→框选更新后的整个视图→按 Delete 键可以删除中心线。

⑤ 剖视图。

a. 生成剖视图 ：动态❶→水平❸→"关联对齐"不要打"√"❹→指定位置❷→点选回针圆心为第一个放置点❺→点击"指定位置"❷→点选撑头圆点❻→第一个进胶点❼→第二个进胶点❽→滑块（行位）中心线上的点❾→点击中键完成放置点选择→观察截面线箭

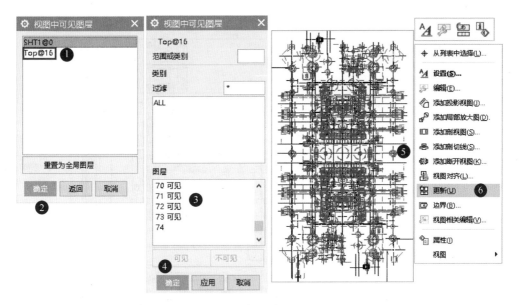

图 4-152　视图中可见层图

图 4-153　仰视图

头是否向左，如果不是，则点击反转剖切方向按钮 ⊠ 改换方向→点左健在右侧空白处放置剖视图并与俯视图对齐→生成剖视图，见图 4-154。

b. 可见层设定：菜单→格式→视图中可见层→选择"SX@18"（上一步生成的剖视图）→选择所有图层为可见层→"确定"。

c. 右键点击剖视图→在弹出的快捷菜单中点击"更新"→框选更新后的整个俯视图→按Delete 键可以删除中心线，且不会删除图中的实线和虚线。

d. 视图设置：将鼠标放在剖视图周边停 0.5s 左右会出现隐藏的红色边界❶→此时点击右键会弹出快捷菜单→设置 AⒶ❷→隐藏线❸→按弹出的对话框中红色方框所示设置❹→再点击"截面线"中的"设置"❺→按❻～❾所示设置→"确定"→更新视图。见图 4-155。

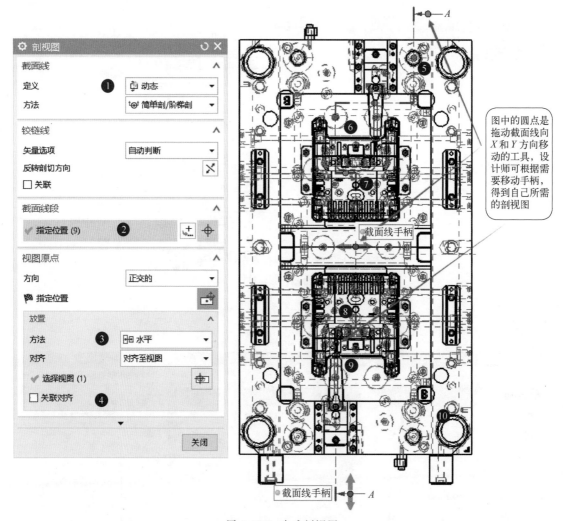

图 4-154　生成剖视图

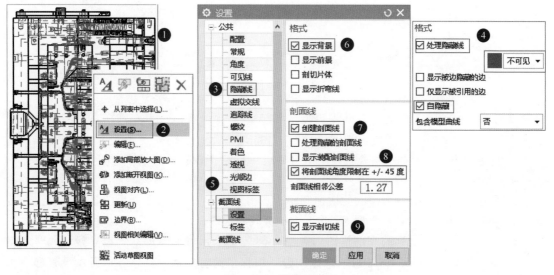

图 4-155　视图设置

e. 产品剖面线设置：将光标放在产品剖面上，会弹出快捷工具条❶→点击编辑"A"→在弹出的对话框中，将剖面线间距改为 0.5mm❷→颜色改为品红色❸→"关闭"，见图 4-156。

f. 隐藏部分剖面线：按 Ctrl＋B→选择导柱、斜边、螺丝、顶针、冷却水管等剖面线隐藏❹～❼，见图 4-156。

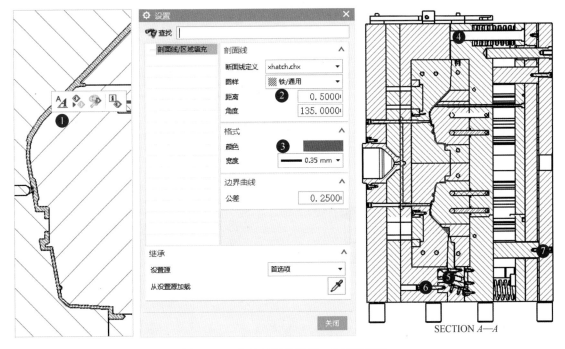

图 4-156　产品剖面线设置、隐藏剖面线

⑥ 中心线设置：菜单→插入→中心线→自动→点视图边界❶→延伸 1.5mm❷→"颜色"❸→"确定"❹（生成所有中心线）→按 Delete 键可直接删除多余的中心线❺→双击 K.O 孔中心线→高亮显示小方块和小箭头（拖动小箭头可对称改变长度）→右键单击小方块弹出快捷菜单→选择"单独设置延伸"❻→弹出两个小箭头→拖动小箭头生成中心线，也可修改其他中心线❼，见图 4-157。

⑦ 斜顶、推块剖视图：设置对锁❶、推块❷、斜顶❸、冷却水管❹为剖切对象，生成剖视图 C-C，并整理多余的线条，见图 4-158。

⑧ 导入图框：文件→导入→部件→弹出"导入部件"对话框→比例输入"1.0000"❶→图层选"工作的"❷→目标坐标系选"WCS"❸→选择"A0-L"→"OK"→弹出"点"对话框→输出坐标（0，0）❹，左下角黄色原点为插入点→"确定"，见图 4-159。

⑨ 轴侧图：基本视图👁→定向视图工具🔄❶→比例设置为 1：4❷→弹出"定向视图工具"对话框❸和"定向视图"动态窗口❹（用这两种方法都可定向视图，动态窗口定位更为方便）→在视窗中把视图旋转到图 4-160 所示位置❺→点击中键放置视图→设置 70～77 层为可见层→确定→右键点击视图边界→在弹出的快捷菜单中点击"更新"→右键点击视图边界→在弹出的快捷菜单中点击"设置"→在弹出的对话框中将虚线设为不可见→框选更新后的整个视图→按 Delete 键删除中心线→生成动模（后模）轴侧图❽→同上方法生成定模（前

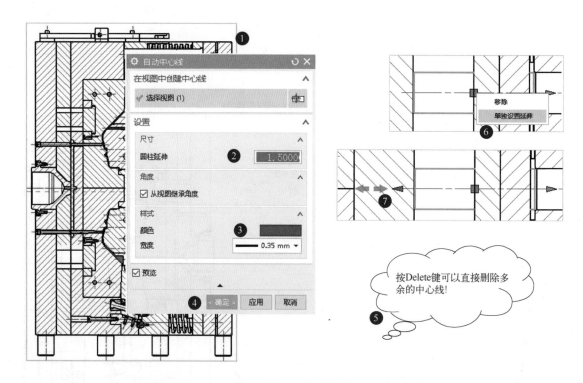

图 4-157　中心线设置

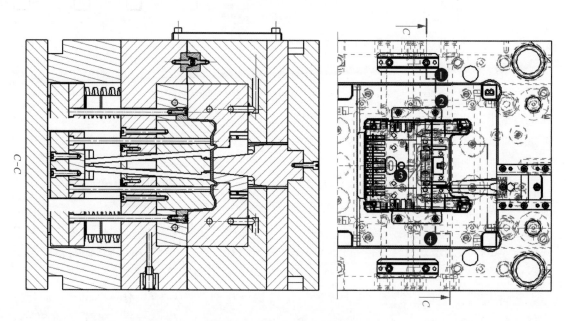

图 4-158　斜顶、推块剖视图

模）轴侧图草图，再将 60、61 层设为可见层→同上方法生成脱模件轴侧图草图，脱模件包括滑块（行位）、斜顶、内滑块（行位）和推块，设置 61、71～73、77 层为可见层→经过虚线、中心线处理后，最终生成图 4-160 中的定模（前模）轴侧图❾、动模（后模）轴侧图❽、脱模机构轴侧图❼。

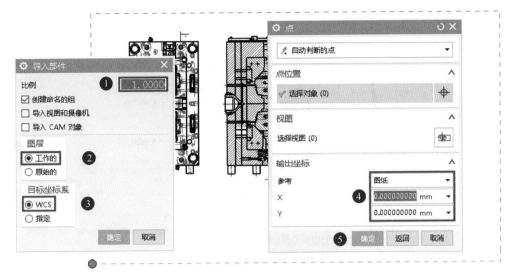

图 4-159 导入图框

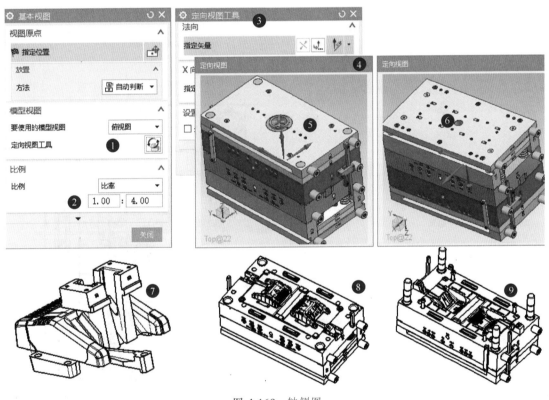

图 4-160 轴侧图

⑩ 细节放大图,见图 4-161。

⑪ 尺寸标注。

a. 坐标标注:菜单→插入→尺寸→坐标→多个尺寸❶→原点(选模具中心作为原点)❷→勾选"激活基线""激活垂直的"❸→定义边距❹→弹出"定义边距"对话框❺→设置第一偏置"10"、间距"10"❻→选模架第 1 个对角点❼→"确定"→定义边距→选模架第 2

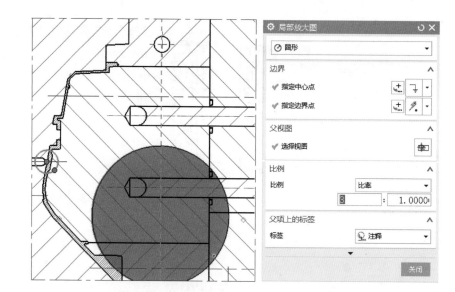

图 4-161　细节放大图

个对角点❽→"确定"→选图 4-162 中需标注的点，会同时生成 X、Y 两个方向的尺寸→再选下一点，直到标注完成，见图 4-162。需要标注的点有模架尺寸、内模尺寸、拉杆尺寸、滑块（行位）中心、限位螺丝、推块螺丝、锁模片等。

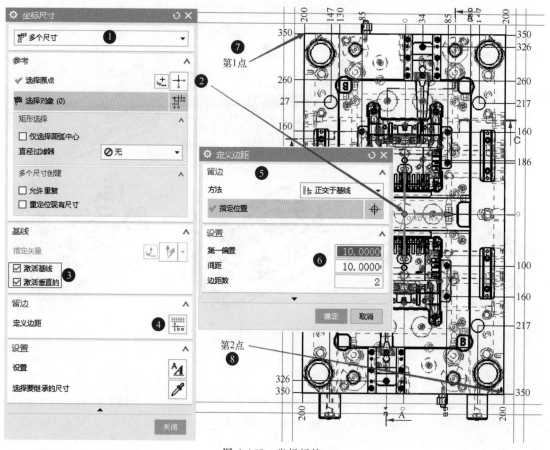

图 4-162　坐标标注

b. 线性尺寸标注。

• 快速标注（见图 4-163）：菜单→插入→尺寸→快速或线性→弹出"快速尺寸"对话框❶→设置好对齐方式❷（设置一次即成默认状态，下次不用设置）→点击 自动判断 下拉三角❸→选择所需的形式→点击第 1 点→点击第 2 点→在适合位置放置尺寸文本→"关闭"❹→如放置尺寸文本时稍作停留（约 0.5s）会自动弹出尺寸编辑框，可以对附加文本❺和尺寸格式❻进行编辑。

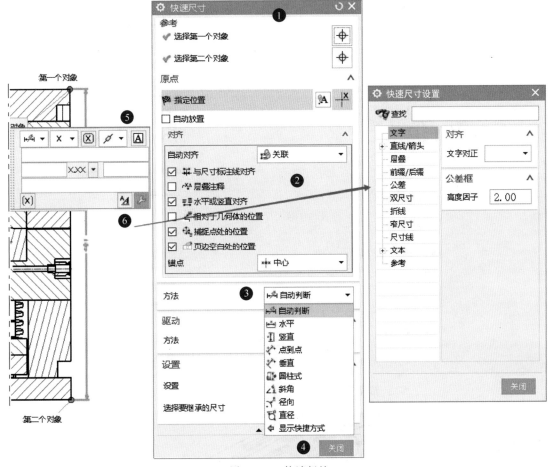

图 4-163　快速标注

• 尺寸编辑框❶（见图 4-164）：此框用于尺寸标注进程中，对标注种类（如直径、角度、水平尺寸、竖直尺寸等）❷、附加文本 A（如直径符号、度数等）❸、尺寸样式（如箭头、尺寸线、颜色等）❹进行编辑。对于已经标好的尺寸，则用右键点击弹出快捷菜单的方式进行附加文本 A❺和尺寸样式❻的编辑。

⑫ 文本输入：菜单→插入→注释→弹出"注释"对话框→选择"chinesef"字体❶→在文本框输入文本"后模仁 S136H"❷→左键点击图中要注释的位置或对象，按住并拖动生成指引线❸→左键点击文字放置位置❹→"关闭"❺；若要加直径、深度等"符号"可点击"符号"❻，在弹出的"符号"对话框中选所需符号；"格式设置"可改字体，一般选用"chief"；"设置"❼可修改文字大小、间距等，见图 4-165。

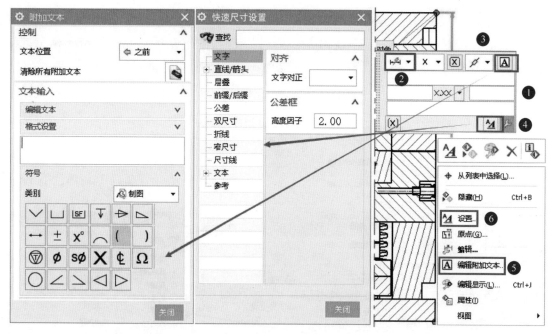

图 4-164　尺寸编辑

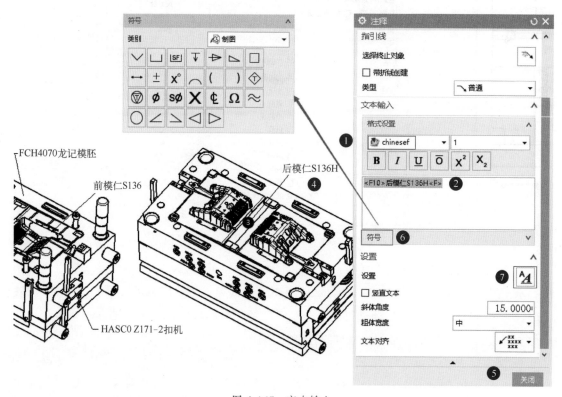

图 4-165　文本输入

⑬总装图步骤，见图 4-166。

a. 制作后模俯视图。

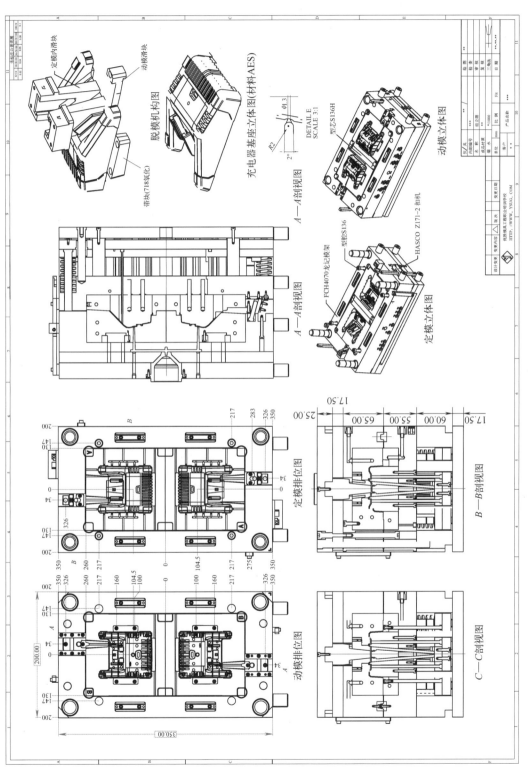

图 4-166 总装图

b. 制作前模仰视图。

c. 制作浇注系统、后模行位剖视图。

d. 制作浇推块、斜顶剖视图。

e. 制作前模行位、拉杆剖视图。

f. 制作前模、后模轴侧图。

g. 制作前模行位、后模行位、推块轴侧图。

h. 制作进胶点细节放大图。

i. 对图中重要部件材料、名称加注释。

j. 整理标题栏：标明模号、生产日期、产品名、材料、缩水、客户名等重要信息。

第 5 章

注塑模具课程设计说明书及其范例

5.1 概述

注塑模课程设计说明书是反映设计思想、设计方法以及设计结果等的主要文件，是审核设计是否合理的技术文件之一，是评判课程设计质量的重要资料。注塑模课程设计说明书主要用于说明设计的正确性，故不必写出全部分析、运算和修改过程，但要求分析方法正确、计算过程完整、图形绘制规范、语句叙述通顺。

注塑模课程设计说明书作为模具设计的重要技术文件之一，是图样设计的基础和理论依据，也是教师进行设计审核、评分的依据。

从课程设计开始，设计者就应随时逐项记录设计内容、计算结果、分析见解和资料来源，在每一设计阶段结束后，随即整理、编写出有关部分的说明书，课程设计结束时，再归纳、整理，编写正式的设计说明书。编写设计说明书时应注意：

① 课程设计说明书应按内容顺序列出目录，做到层次清楚、重点突出。计算过程列出计算公式，代入有关数据，写出计算结果，标明单位，并写出根据计算结果所得出的结论或说明。

② 课程设计说明书中引用的计算公式或数据要注明来源，主要参数、尺寸、规格和计算结果可在每页右侧计算结果栏中列出。

③ 为清楚地说明设计内容，设计说明书中应附有必要的简图，如总体设计方案图、零件工作简图、受力图等。

④ 设计说明书要用钢笔或用计算机按规定格式书写或打印在 A4 纸上，按目录编写内容、标出页码，然后从左侧装订成册。

注塑模课程设计说明书包括以下内容。

a. 目录；

b. 设计题目或设计任务书；

c. 塑件分析（含塑件图）；

d. 塑件材料的成型特性与工艺参数；

e. 设备的选择，包括设备的型号、主要参数及有关参数的校核；

f. 浇注系统的设计，包括塑件成型位置，分型面的选择，主流道、分流道、浇口、冷料井、排气槽的形式、部位及尺寸，流长比的校核，等等；

g. 成型零、部件的设计与计算，即型腔、型芯等的结构设计、尺寸计算、强度校核等；

h. 侧向抽芯机构的设计，包括抽拔距与抽拔力的计算，抽芯机构的形式、结构、尺寸以及必要的验算；

i. 模架设计，即根据浇注系统确定模架规格型号，根据成型零件和侧向抽芯机构大小确定模架大小；

j. 脱模机构的设计，包括脱模力的计算，拉料机构、顶出机构、复位机构等的结构形式、安装定位、尺寸配合，以及某些构件所需的强度、刚度或稳定性校核；

k. 温度调节系统的设计与计算，包括模具热平衡计算，冷却系统的结构、尺寸、位置；

l. 导向定位系统设计，包括动、定模之间导柱、导套设计，推杆固定板导柱、导套设计，分型面定位结构设计，A、B板定位块设计等；

m. 其他结构件设计，包括定距分型机构、支承柱和支承块等非标准零件的设计（形状、结构与尺寸）和螺钉、销钉等标准件的选择（规格、型号、标准、数量），以及限位钉、定位圈等零件设计；

n. 其他技术说明；

o. 设计小结，包括体会、致谢等；

p. 参考资料。

在编写过程中要注意：文字应简明通顺，书写应整齐清晰，计算应正确完整，并要画出与设计计算有关的结构简图。计算部分只要求列出公式，代入数据，求出结果即可，运算过程可以省略。写好后应仔细校对，用 A4 纸双面打印，最后装订成册。

5.2 实例

下面是注塑模具课程设计说明书参考实例。

塑料模具设计课程设计
COURSE PROJECT

题目：_____

二级学院：_____

专业班级：_____

学制：_____

姓名：_____

学号：_____

导师：_____

完成时间：　　　年　　　月　　　日

目　　录

（一）设计任务书 ……………………………………………………………………… 150

（二）设计与分析 ……………………………………………………………………… 151

1. 塑件成型工艺分析 ………………………………………………………………… 151

   1.1　塑件分析 ………………………………………………………………………… 151

   1.2　PE 的性能分析 ………………………………………………………………… 151

   1.3　PE 的注射成型过程及工艺参数 ……………………………………………… 152

2. 模具分型面设计 …………………………………………………………………… 152

   2.1　分型面的形式 …………………………………………………………………… 152

   2.2　分型面的选择原则 ……………………………………………………………… 152

   2.3　本设计分型面的选择 …………………………………………………………… 153

   2.4　型腔数量的确定 ………………………………………………………………… 153

3. 浇注系统的设计 …………………………………………………………………… 153

   3.1　浇注系统的组成 ………………………………………………………………… 153

   3.2　模具主流道设计 ………………………………………………………………… 154

   3.3　模具分流道设计 ………………………………………………………………… 154

   3.4　模具浇口设计 …………………………………………………………………… 155

4. 成型零件设计 ……………………………………………………………………… 155

   4.1　成型零件的结构设计 …………………………………………………………… 155

   4.2　成型零件钢材的选用 …………………………………………………………… 155

   4.3　成型零件尺寸经验确定法 ……………………………………………………… 155

5. 侧向抽芯机构的设计 ……………………………………………………………… 157

   5.1　抽芯机构的结构形式 …………………………………………………………… 157

   5.2　滑块导滑槽设计 ………………………………………………………………… 157

   5.3　侧向抽芯距 S 的计算 ………………………………………………………… 157

   5.4　斜导柱倾斜角 α 设计 ……………………………………………………… 157

   5.5　斜导柱直径的确定 ……………………………………………………………… 157

   5.6　滑块斜导柱长度 ………………………………………………………………… 158

6. 模架的确定 ………………………………………………………………………… 158

7. 冷却系统的设计 …………………………………………………………………… 159

8. 脱模推出机构的设计 ……………………………………………………………… 159

   8.1　推出方式的确定 ………………………………………………………………… 159

   8.2　推杆的设计 ……………………………………………………………………… 159

9. 导向与定位机构的设计 …………………………………………………………… 160

10. 模具总装图和主要零件图 ……………………………………………………… 161

    10.1　总装图 ………………………………………………………………………… 161

10.2 主要零件图 ··· 162

10.3 模具工作过程 ·· 163

结论 ·· 164

参考文献 ·· 165

致谢 ·· 166

（一）设计任务书

根据图 1 所示四方盒面盖的塑件图设计一副注塑模具。塑件材料为 PE。

要求：一模一腔；大批量生产；塑件精度为 MT4 （GB/T 14486—2008）。

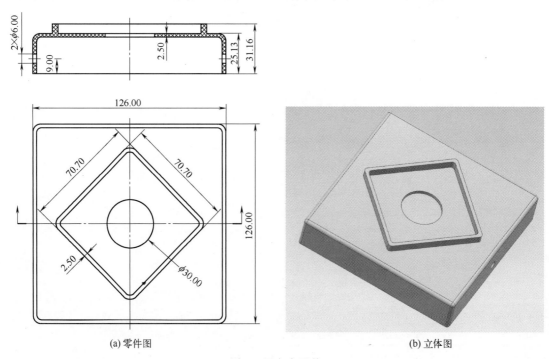

(a) 零件图　　　　　　　　　　　　(b) 立体图

图 1　四方盒面盖

(二) 设计与分析

1. 塑件成型工艺分析

1.1 塑件分析

1.1.1 结构分析

该塑件壁厚为 2.5mm，其外形尺寸为 126.0mm×126.0mm×31.16mm。该塑件为箱体类零件，各处壁厚均匀，脱模斜度较小。该塑件有侧孔，需设计侧向抽芯装置，模具结构难度适中。

1.1.2 精度等级分析

塑件的精度等级为 MT4（GB/T 14486—2008），属于一般精度的塑件，未注公差尺寸均按此等级来取。

1.1.3 脱模斜度

PE 属于半结晶性材料，成型收缩率较高，为 1.5%～4%，本设计取 2.5%。按照表 1，型芯和型腔的脱模斜度统一为 1°。

表 1　常用塑料的脱模斜度

塑料名称	脱模斜度	
	定模型腔	动模型芯
聚乙烯、聚丙烯、软聚氯乙烯、氯酰胺、氯化聚醚	25′～45′	20′～45′
硬聚氯乙烯、聚碳酸酯、聚砜	35′～40′	30′～50′
聚苯乙烯、有机玻璃、ABS、聚甲醛	35′～1°30′	30′～40′
热固性塑料	25′～40′	20′～50′

1.2 PE 的性能分析

1.2.1 基本性能

PE 即聚乙烯，是一种线型聚合物，是一种高分子长链脂肪烃，分子链的空间排列呈平面锯齿形，是一种柔顺性很好的热塑性聚合物，所以聚乙烯的熔体流动性好。聚乙烯的物理性质是无味、无毒、乳白色蜡状固体、渗水率低但透气性较大，其分子结构式为 $\{CH_2\!-\!CH_2\}_n$，大分子为线型结构，简单规整且无极性，柔顺性好，易于结晶。聚乙烯塑料是由 PE 树脂加入少量的润滑剂、抗氧化剂等添加剂构成。

PE 材料的特点是软性、无毒、价廉、加工方便、吸水性小、成型前可不干燥、流动性好。

1.2.2 成型性能

① 结晶料，吸湿小，无须充分干燥，流动性极好，流动性对压力敏感，成型时宜用高压注射，料温均匀，填充速度快，保压充分。不宜用直接浇口，以防收缩不均，内应力增大。注意选择浇口位置，防止产生缩孔和变形。

② 收缩范围和收缩值大，方向性明显，易变形翘曲，冷却速度宜慢，模具应设冷料穴，并有冷却系统。

③ 加热时间不宜过长，否则会发生分解。

④ 软质塑件有较浅的侧凹槽时，可强行脱模。

⑤ 可能发生熔体破裂，不宜与有机溶剂接触，以防开裂。

1.2.3　PE 的主要性能指标

PE 的主要性能指标见表 2。

表 2　PE 的主要性能指标

性能	指标	性能	指标
密度/(g/cm^3)	0.89～0.96	耐寒温度/℃	$-60\sim-80$
介电常数(1MHz)	2.3～3.4	拉伸强度/MPa	20～50
吸水率/%	0.01～0.03	缺口冲击强度/(kJ/m^2)	40～80
熔点/℃	92～270	抗弯强度/MPa	60～120
成型收缩率/%	1.4～4	抗压强度/MPa	15～45
体积电阻/$\Omega \cdot cm$	$1\times10^{16}\sim1\times10^{18}$	介电强度/(V/m)	15～18

1.3　PE 的注射成型过程及工艺参数

1.3.1　注射成型过程

① 成型前的准备：对 PE 的色泽、粒度和均匀度等进行检验。

② 注射过程：塑料原料在注射机料筒内经过加热、塑化达到流动状态后，由模具的浇注系统进入模具型腔成型，其过程可分为充模、压实、保压、倒流和冷却五个阶段。

1.3.2　注射工艺参数

① 注射机：螺旋式，螺杆转速为 20～40r/min。

② 料筒温度：后段 180～240℃；
　　　　　　　中段 230～240℃；
　　　　　　　前段 180～230℃。

③ 喷嘴温度：200～210℃。

④ 模具温度：50～80℃。

⑤ 注射压力：70～105MPa。注塑 PE 一般不需高压，保压压力取注射压力的 30%～60%。

⑥ 注射速度：建议使用高速注射。

2. 模具分型面设计

2.1　分型面的形式

分型面的形式与塑件的几何形状、脱模方法、模具类型及排气条件等有关，常见的形式有水平分型面，垂直分型面，斜分型面，阶梯分型面和平面、曲面分型面。

2.2　分型面的选择原则

① 有利于脱模：开模后胶件要留在有顶出机构的一侧，通常留在动模上。有利于侧面分型：使抽芯距离最短。

② 便于加工：能平面分模就不斜面分模，能斜面分模就不曲面分模。

③ 有利于保证塑件精度。

④ 便于镶件安装。

⑤ 保证外观质量。

⑥ 分模面不得有尖角。

⑦ 斜面分模或曲面分模时，分模面要定位。

2.3 本设计分型面的选择

通过对塑件结构形式的分析，同时根据以上分型面的选择原则综合考虑，决定将分型面选在塑件截面积最大且利于开模取出塑件的底平面上，其位置如图2所示。

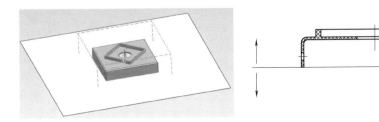

图 2 分型面设计

2.4 型腔数量的确定

该塑件的精度是MT4，属于一般精度，大批量生产，根据塑件尺寸较大和结构较复杂等特点，确定采用一模一腔的结构形式，如图3所示。

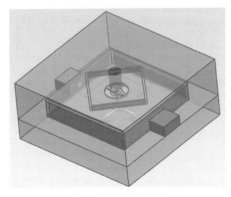

图 3 型腔数量设计

3. 浇注系统的设计

3.1 浇注系统的组成

主流道、分流道、浇口和冷料穴这四部分组成了一般塑料模具的浇注系统。

① 主流道：在设计主流道时要认真考虑注塑成型时的压力以及熔体的温度这两方面，因为这直接影响到了塑件的形状、尺寸以及注塑过程中的塑料流量。

② 分流道：简单点来说，连接主流道和进胶口的部分就是分流道。分流道有级数之分，例如一级分流道、二级分流道等，离主流道越远，级数越大。分流道通常应用在一模多腔的模具上，另外有一小部分单腔模具是不需要分流道的。

③ 浇口：注塑模具的浇注口一般也叫作进胶口，是模具浇注系统中将模具型腔中塑件与流道系统连接的主要部分。

④ 冷料穴：冷料穴是模具浇注系统每个区域延伸出来的一个圆柱体。

3.2 模具主流道设计

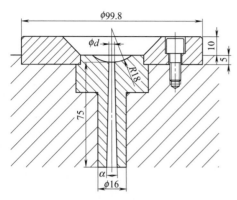

图 4　主流道尺寸图

主流道是浇口套内的熔体通道，因为要方便注塑成型结束后主流道中的冷料从浇口套里面顺畅地脱离出来，所以一般主流道的形状都是呈圆锥形，见图 4。它的锥角 α 范围通常在 $2°\sim5°$。主流道的最前端小头直径 d 要比注塑机喷嘴的直径大 $0.5\sim1\text{mm}$。H 代表的是喷嘴的半球形前面部分与塑料模具里面的浇口套相接触配合的深度，通常为 $3\sim5\text{mm}$ 即可。主流道的表面粗糙度通常不可以比 $Ra=0.8\mu\text{m}$ 还大，因为要方便注塑成型结束后主流道中的冷料从浇口套里面顺畅地脱离出来。为使冷料能从其中顺利拔出，主流道通常设计成圆锥形，其锥角 $\alpha=2°\sim5°$。内壁表面粗糙度一般为 $Ra=0.8\mu\text{m}$。在本设计中，考虑到所采用的材料（PE）加工性能较好，所以取 $\alpha=2°$。

主流道长度：75mm。

主流道小端直径：$d=$注射机喷嘴直径$+(0.5\sim0.1)\text{mm}\approx3.5\text{mm}$。

主流道大端直径：$D=d+2L\tan\alpha\approx8.00\text{mm}$，式中 $\alpha=2°$。

主流道球面半径：$SR=$注射机的喷嘴球头直径$+(1\sim2)\text{mm}\approx18\text{mm}$。

球面的配合高度：$h=3.38\text{mm}$。

由于主流道与塑料熔体及喷嘴反复接触和碰撞，因此常将主流道加工成可拆卸的主流道衬套（即浇口套），便于用优质钢材进行加工和热处理。本设计中采用的浇口套材料为 T8A 钢，淬火至 $50\sim55\text{HRC}$。

3.3 模具分流道设计

在不影响塑料模具注塑成型的情况下，分流道的截面积应该设计得尽量小，分流道的长度也应该尽量短。为了防止它粘模，必须增加拉料杆来拉已经冷却的凝料。如果在后期发现前期的分流道无论截面积还是尺寸都偏小的话，根据实际情况，为了生产能更加顺利，可将分流道的截面积和尺寸都加大到相对合理的范围内。结合相关塑料模具书籍和实际模具生产的经验可以知道，中小型模具的分流道直径通常取 $3\sim6\text{mm}$，表面粗糙度要低于 $Ra=1.6\mu\text{m}$。根据本套塑料模具的实际情况，我们设计的分流道为圆形，直径 D 取 6mm，长度 L 取 26.00mm，如图 5 所示。

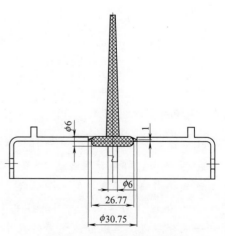

图 5　分流道和浇口设计

3.4 模具浇口设计

（1）模具浇口的概述

连接分流道和塑料模具型腔成型部分的通道被称为进胶口，又称为浇口。必须结合实际情况和相关知识来设计浇口的尺寸以及位置，因为浇口跟成型塑件的质量有紧密联系，必须保证注塑成型后的塑件质量能达到设计要求。

（2）浇口的形式和选用

结合塑件的实际情况和塑料模具的相关知识进行分析以及对比后，将该塑件的外表边缘部分作为本次模具设计的进胶口位置，如图5所示。侧浇口的优点有很多，例如它的流动性相对来说比较好，它的压力损耗不高，可缩短塑件的成型生产周期以及很好地帮助塑件成型。所以侧浇口不仅适合应用在中小型塑件上，还适合应用于具有大平面的中大型塑件和不规则造型的塑件。侧浇口通常应用于一模多腔的注塑模具，但侧浇口也有一些缺点，例如后期需要人工来剪除剪口、塑件浇口位置会留下痕迹。因为本次的塑件对其外表面的要求不高，而且设计的侧浇口位置也属于装配区域，所以侧浇口应用在本次的塑料模具设计里面是合理的。

4. 成型零件设计

4.1 成型零件的结构设计

（1）定模镶件（又称凹模）的结构设计

定模镶件是成型塑件外表面的成型零件。按定模镶件结构的不同，可将其分为整体式、整体嵌入式、组合式和镶嵌式四种形式。根据对塑件的结构分析，本设计采用整体式定模镶件。

（2）动模镶件（又称凸模）的结构设计

动模镶件是成型塑件内表面的成型零件。根据对塑件的结构分析，本设计采用镶嵌式动模镶件。

4.2 成型零件钢材的选用

根据对成型零件的综合分析，该塑件的成型零件需具有足够的耐磨性和良好的抗疲劳性能，又因为该塑件为大批量生产，所以凹模材料选用P20。对于凸模而言，由于开模时与塑件磨损严重，因此钢材选用高合金工具钢Cr12MoV。

4.3 成型零件尺寸经验确定法

成型零件尺寸的确定主要依据模具零件的大小以及模具的结构，一般来说可采用计算法和经验确定法来确定。在本次模具设计中都采用经验确定法。

根据《塑料成型工艺与模具设计》（张维合编著）第7章第111页，首先，确定内模镶件（模仁）的长与宽，型腔至内模镶件的边的钢厚A与型腔的深度有关，表3所示是经验数值。

由此得出：定模镶件的长和宽为180mm×180mm；动模镶件的长和宽为180mm×180mm，见图6、图7。

其次，确定内模镶件厚度：

① 定模镶件厚度＝型腔深度＋（15～20）mm；

② 动模镶件厚度＝胶位深度＋（20～30）mm。

由此得出：定模镶件为整体式，故厚度为55mm；动模镶件的厚度为30mm。

表 3　成型零件尺寸经验数值

型腔深度/mm	型腔至镶件边钢厚 A/mm	型腔深度/mm	型腔至镶件边钢厚 A/mm
≤20	15～25	30～40	25～40
20～30	20～30	>40	35～50

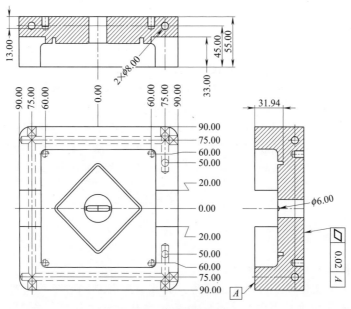

图 6　定模镶件

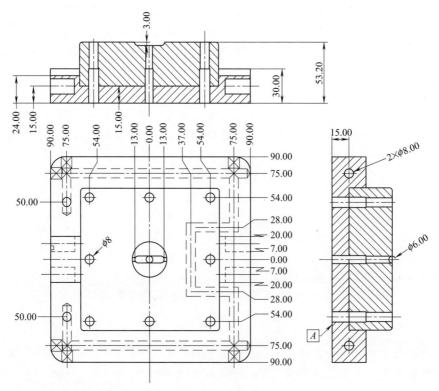

图 7　动模镶件

5. 侧向抽芯机构的设计

5.1 抽芯机构的结构形式

最常见的将滑块从抽芯方向推出的工具是斜导柱（见图 8）。斜导柱在模具上的安装形式有很多，例如斜导柱安装在楔紧块上、斜导柱安装在定模固定板上、斜导柱安装在斜导柱固定块上等等。常用来将滑块复位的工具有弹簧和楔紧块，特殊情况下也可以用外置摆杆先复位的机构来实现滑块的复位。

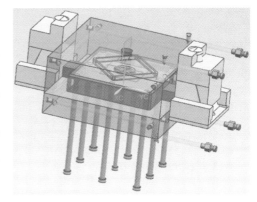

图 8 侧向抽芯机构立体图

5.2 滑块导滑槽设计

滑块的钢料通常选择 CR12，因为 CR12 钢料硬度比较好而且容易加工。滑块在侧向滑行过程中，其体积必须保证至少 2/3 在注塑模具里面。滑块底部滑动的地方大于滑块总宽度的 1.5 倍以上，通常会做油槽导滑。

5.3 侧向抽芯距 S 的计算

理论上，滑块滑行的距离等于塑件上的倒扣深度 S' 就可以了。但实际上，考虑到加工误差以及是否安全等因素，通常都会在倒扣深度 S' 上再加 2～5mm 安全距离。滑块实际需要的行程用 S 来表示，则：

$$S = S' + (2\sim5)\text{mm}$$

其中，$S' = 3\text{mm}$。

$$S = 3\text{mm} + (2\sim5)\text{mm}$$

因此，这次的模具设计中滑块的行程 $S = 8\text{mm}$ 是合理的。

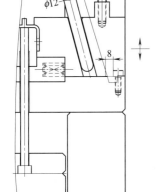

图 9 侧向抽芯机构

5.4 斜导柱倾斜角 α 设计

设计斜导柱的角度不仅需要考虑到斜导柱的长度问题，还需要考虑到抽芯距、模具结构、模具安装和加工是否方便等问题。斜导柱倾斜角太大的话，不仅会导致加工不方便，也不利于滑块抽芯的过程和合模动作。斜导柱倾斜角太小的话，斜导柱的长度会变长，如果斜导柱的长度超出了模胚最大尺寸太多或者斜导柱的强度不够，同样是不合理的。结合相关书籍以及实际生产的经验，通常斜导柱的倾斜角范围为 $15°\sim25°$，特殊情况下也要小于 $30°$。在这次的模具设计中，我们通过分析和对比上述因素，得出角度为 $15°$。如图 9 所示。

5.5 斜导柱直径的确定

本模具滑块宽度为 54mm，厚度为 58mm，根据表 4，斜导柱直径 d 取 20mm，数量为 1 支。

表 4 斜导柱大小和数量

滑块宽度/mm	20～30	30～50	50～100	100～150	>150
斜导柱直径/mm	6.50～10.00	10.00～13.00	13.00～20.00	13.00～16.00	16.00～25.00
斜导柱数量/支	1	1	1	2	2

5.6 滑块斜导柱长度

查阅相关资料可以得到斜导柱长度的计算公式如下：

$$L=\frac{D}{2}\tan\alpha+\frac{t}{\cos\alpha}+\frac{d}{2}\tan\alpha+\frac{S}{\sin\alpha}+(10～15)\mathrm{mm}$$

再结合本次设计的模具的相关数据，可以得出 $L=70\mathrm{mm}$。

6. 模架的确定

模架的确定主要根据成型零件的大小以及模具的结构，一般可采用计算法和经验确定法来确定。模具设计实践中都采用经验确定法，本次模具设计也采用经验确定法。如图 10 所示。

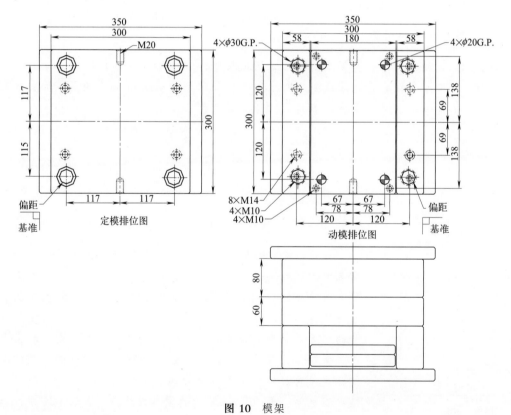

图 10 模架

① 模架的宽度：模架顶针板宽度 B 应和内模镶件宽度 A 相当，两者之差应在 5～10mm 之内。

② 模架的长度：框边至复位杆孔外圆边的距离 $C \geqslant 10$mm。

结合相关资料和所学知识可以知道，本次设计选择的模架为国标的 C 型模架，并且该模架和龙记公司制造的 CI 型模架一样。本次设计选择的模架型号是 3030-CI-A80-B60-C90。见图 10。

7. 冷却系统的设计

注塑模具的调温系统运用得最多的就是冷却水管道。在冷却水管道的加工方面，一般选择钻孔的方式对注塑模具的零件进行加工，在模具零件上形成相连接的一条条管道，这些管道就是冷却水管道。如图 11 所示，本设计的冷却水管道是从成型零件上方进水，定模镶件的冷却水管道距离塑件大约 12mm。

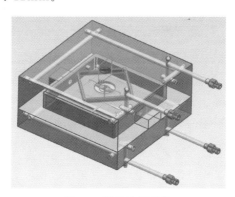

图 11　模具冷却系统

同时要注意，冷却水管道一定要分布均匀和方便加工。如果一组冷却水管道需要经过两个或者两个以上的模具零件，则需要在相邻两个模具零件的冷却水管道处加上密封圈，避免出现漏水的现象。冷却水管道有很多种形式，其中最常用的是直通式冷却水管道和环绕式冷却水管道，随形式冷却水管道相对来说用得少一点。直通式冷却水管道的优点是加工简单而且方便，但它的布局相对来说做不到很均匀，提供的降温作用有限。环绕式冷却水管道的加工相对来说比较复杂，但它的布局可以非常均匀，能够为模具提供非常均匀、充足的降温作用。结合本次模具设计的相关实际情况，温度控制系统选择了环绕式冷却水管道，分别在定模和动模中各设置一组。根据模具宽度，冷却水管道的直径 d 取 8mm，具体如图 11 所示。

8. 脱模推出机构的设计

8.1　推出方式的确定

根据脱模推出机构的经验确定法，此模具的设计采用推杆推出机构。

8.2　推杆的设计

本注塑模具主要采用以推杆为主的脱模系统。推杆的底部安装在推杆固定板里面，推杆数量为 8 支，直径均为 8mm，长为 150mm，位置分布见图 12。推杆的顶部与塑件的内表面接触。当注塑成型过程完成后，模具会在注塑机的作用下将定模部分和动模部分以分型面为界限分开。模具分开后，注塑机顶棍通过模具底板的 K.O 孔推动模具推杆固定板，进而推动推杆将成型塑件推出模具。

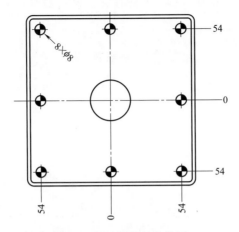

图 12 模具脱模机构设计

9. 导向与定位机构的设计

模具在合模过程中能否保证正确定位和导向，事关能否生产出符合要求的产品。良好的导向定位机构不但可以保证模具的精度和刚度，而且在型腔承受侧向胀形力的时候，定位机构还能承受侧向压力。

导柱跟导套是适配的，常用 H7/f6 间隙配合。导套与模板的配合则采用过渡配合 H7/k6。在选择精密导柱和导套的时候要注意，模具合模的时候有可能导柱还没有发挥功能，型芯和型腔就已经合在一起了，所以应保证导柱的长度要高于型芯端面 6～15mm。导柱和导套的材料选择也很重要：导柱选用低碳钢，表面渗碳淬火；导套选用 T8A 淬火至 48～52HRC。本模具采用 4 对导柱、导套。模具导向与定位系统如图 13 所示。

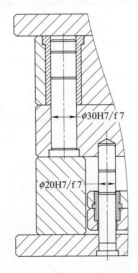

图 13 模具导向与定位系统

10. 模具总装图和主要零件图

10.1 总装图（图14）

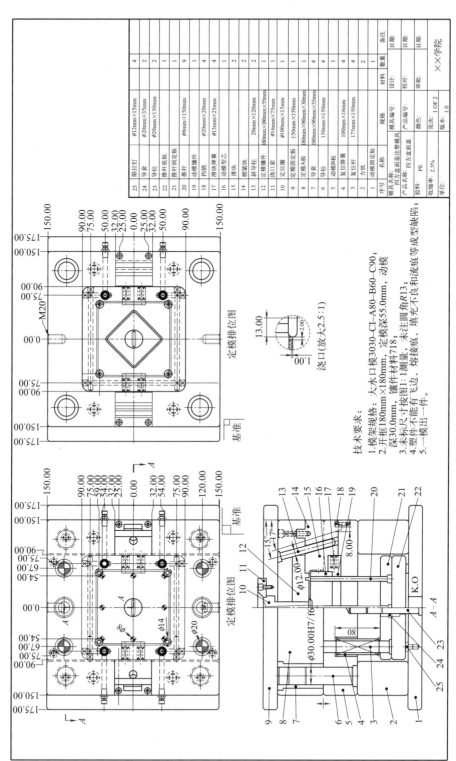

序号	名称	规格	材料	数量	备注
25	限位钉	φ12mm×15mm		4	
24	导套	φ20mm×35mm		2	
23	导柱	φ20mm×130mm		2	
22	推杆底板			1	
21	推杆固定板			1	
20	推杆	φ8mm×150mm		9	
19	动模镶件			1	
18	挡销	φ20mm×20mm		4	
17	滑块弹簧	φ15mm×25mm		4	
16	动模型芯			1	
15	滑块			2	
14	楔紧块	20mm×120mm		2	
13	斜导柱	180mm×180mm×55mm		1	
12	定模镶件	φ16mm×75mm		1	
11	浇口套	φ100mm×15mm		1	
10	定位圈	150mm×150mm		1	
9	定模固定板	180mm×90mm×30mm		1	
8	定模A板	180mm×90mm×55mm		1	
7	导柱	150mm×150mm		4	
6	导套			1	
5	动模B板	100mm×16mm		4	
4	复位弹簧	175mm×150mm		4	
3	方铁			2	
2					
1	动模固定板				

模具名称：四方盒面注塑模具
产品名称：四方盒面盖 颜色：
收缩率：2.5% 胶料：PE 张次：1 OF 2
单位： 版本：1.0

设计： 日期：
校对： 日期：
审批： 日期：

××学院

浇口（放大2.5∶1）

技术要求：
1. 模架规格：大水口模3030-CI-A80-B60-C90，动模
2. 开框180mm×180mm，定模深55.0mm，
   深30.0mm，镶件材料718；
3. 未标尺寸按图1∶1测量，未注圆角R13；
4. 塑件不能有飞边，熔接痕，填充不良和流痕等成型缺陷；
5. 一模出一件。

图14 模具总装图

10.2 主要零件图（图 15～图 17）

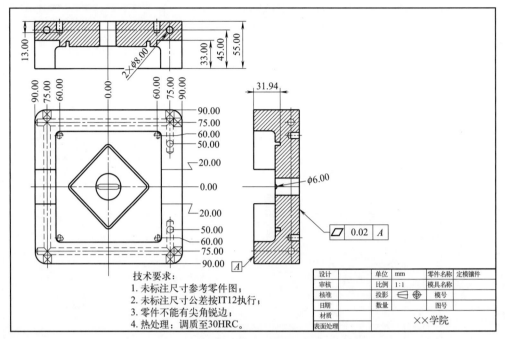

图 15 后模镶件零件图

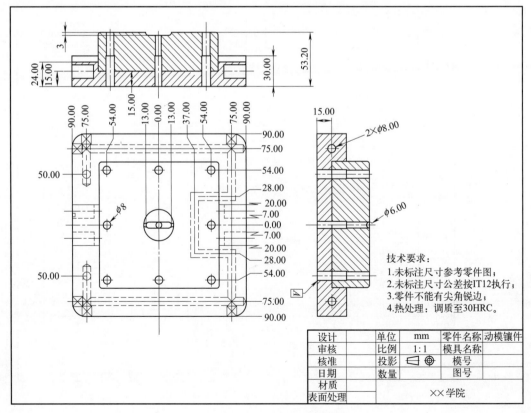

图 16 前模镶件零件图

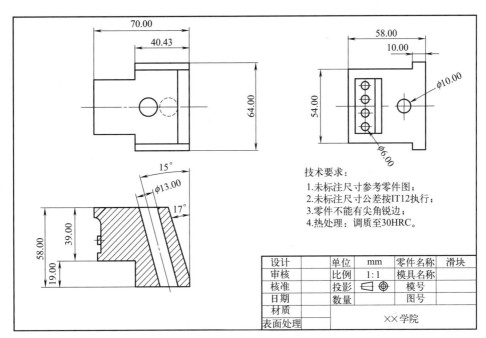

技术要求:
1. 未标注尺寸参考零件图;
2. 未标注尺寸公差按IT12执行;
3. 零件不能有尖角锐边;
4. 热处理:调质至30HRC。

设计		单位	mm	零件名称	滑块
审核		比例	1:1	模具名称	
核准		投影	⊲⊕	模号	
日期		数量		图号	
材质					
表面处理			××学院		

图 17 滑块零件图

10.3 模具工作过程

二板模工作过程如下。

① 填充:塑料熔体由注塑机料筒经浇口套内的主流道进入分型面上的分流道,最后由侧浇口进入模具型腔。

② 固化:熔体填满型腔后,保压,冷却,固化。

③ 开模:当塑件固化至足够刚性后,注塑机拉动模具的动模从分型面处开模。

二板模属单分型面模具,开模距离必须保证塑件和浇注系统凝料(即水口料)能够顺畅地从模具中脱落。模具的开模距离不得小于100mm。模具的开模距离由注塑机控制。在开模过程中,斜导柱带动滑块进行侧向抽芯,侧向抽芯距离为8mm,由挡销控制。

④ 脱模:完成开模行程后,注塑机顶棍通过模具底板的K.O孔推动顶针底板,进而推动推杆(或顶针),将塑件推离模具,模具完成一次注射成型。

⑤ 合模:模具合拢,接着进行下一次注射成型。

结　论

为期 1 个月的课程设计即将结束，这次课程设计也终于完成了，我在这次的课程设计中受益匪浅，学习到了很多模具知识。这次的课程设计，帮助我把《模具制造工业》《塑料模型设计与模具设计》这两本书的知识巩固了一遍，让我从理论到实践，对模具设计有了新的认知。

在这个月的课程设计中，我设计的是四方盒面盖。这个面盖模具外形看起来虽然简单，但是在设计过程中，我还是感受到了模具设计的困难，对各种尺寸的计算和设计需要查阅大量资料，选择一个合理的参数才能使接下来的设计正确，不然就会发生"一步错，步步错"的问题。这次在校的课程设计，是对我课本知识与软件应用的一次综合检验，在锻炼我的模具设计能力的同时，也历练了我的自主学习、处理问题等能力。通过这次课程设计，我巩固且扩充了"塑料成型工艺与模具设计"等课程所学的内容，掌握了塑料模具设计的方法和步骤，知道如何运用相关资料、书籍等来查阅设计中所需的相关数据和内容，且学会了综合运用本专业所学课程的理论和生产实际知识，进行塑料模具设计工作的实际训练，培养和提高了独立工作的能力。

这次的四方盒面盖模具设计，让我充分认识到我在模具设计这条路上还需要学习很多知识，也使我对注射模具的相关知识有了更进一步的认识。设计模具是一件艰难的工作，而且我设计的作品其实很大一部分还只存在于理论方面，在实践上能否行得通还有待验证。这次的课程设计只是理论设计，在设计过程中要运用公式与标准零件的选用原则来进行模具设计。在这个过程中我遇到了许多困难，也曾因为选用零件错误，导致需要重新绘图，尽管挫折很多，但我还是咬紧牙关克服困难把这个设计按时完成了。刚刚开始做模具设计的时候，我还自以为能够很快完成任务，可实际是，模具的设计需要一次次地打磨、修改，才能设计出一个好模具，所以万事不可急于求成。这次的设计不仅仅锻炼了我的学习能力，理论知识与实际的结合，也锻炼了我的心境。

这一次的设计仅仅只是理论上的设计，在实际的工作中，每一副模具都要确保能用、好用，而不仅仅是设计出来就行。在实际生产中，我们要给自己留有修改的余地，不然一副模具全部重新设计制造是一个非常昂贵的损失。在设计的过程中，每个人一套模具，不仅仅是考验，也是给了我们自我锻炼的机会，使我们学会如何独立思考，如何求知求学，在面对困难时怎样求得同学们的帮助，为我们今后的工作打下了良好的基础。

课程设计不仅是老师对我的学习成果进行的一次测试，也是我对自己的一次检查，是我对所学课程的一次深入的综合复习，也是我今后走向社会的工程设计的一次实践。通过本次课程设计，我发现了自身知识的缺乏和不足，从而可以更好、更彻底地认识、规划、完善自己，我将会在以后的工作中做得更好、更完善。

参 考 文 献

［1］ 张维合. 注射模具设计实用手册［M］. 北京：化学工业出版社，2011.

［2］ 张维合. 汽车注塑模具设计要点与实例［M］. 北京：化学工业出版社，2016.

［3］ 张维合. 基于顺序阀热流道技术汽车导流板注射模设计［J］. 塑料科技，2018，46（12）：100-105.

［4］ 万鹏程. 汽车保险杠注射模浇注系统设计与成型参数优化［M］. 昆明：昆明理工大学出版社，2011.

［5］ 沈忠良，郑子军，肖国华，等. 汽车中控面板 IMD 成组模具设计［M］. 工程塑料应用，2017，45（1）：70-75.

［6］ 张维合. 汽车中央装饰件顺序阀热流道二次顶出注塑模设计［J］. 工程塑料应用，2018，46（7）：87-91.

［7］ 吴梦陵. Moldflow 模具分析实用教程［M］. 2 版. 北京：电子工业出版社，2018.

［8］ 刘彦国. 塑料成型工艺与模具设计［M］. 4 版. 北京：人民邮电出版社，2018.

［9］ 周纪委，王明伟，等. 汽车尾门左右窗框饰板气辅注塑模具设计［J］. 中国塑料，2023，37（11）：141-148.

［10］ 张云，等. 汽车通风管接头注塑模具设计［J］. 塑料. 2023，52（05：74-78.

［11］ 刘祥建，周佳睿，姜劲. 基于 Moldflow 的按钮开关帽注塑模具设计［J］. 工程塑料应用，2023（06）：1-6.

［12］ 张维合. 汽车后背门护板热流道大型注塑模设计［J］. 中国塑料，2019，33（5）：102-108.

致　谢

　　本次课程设计是在张维合教授的亲切关怀和悉心教导下完成的，我的设计与老师对我们的教育和培养是分不开的，因为一个好的领路人才是成功的关键。在学习中，张教授丰富渊博的知识，严谨治学的精神，精益求精的工作作风，深深地感染和激励着我。他对工作的认真负责和对我们的耐心辅导让我受益匪浅，每次遇到问题的时候，他总是耐心地为我讲解，帮助我突破困难，我最后才可以成功完成设计。在此，谨向张教授致以诚挚的谢意和崇高的敬意！

　　同时，同学们也在这次课程设计中给予我不少的帮助，感谢在整个课程设计期间在各方面帮助过我的同学、朋友们！还要感谢我的家人，他们的理解和支持使我能够在学校专心地完成我的设计。文中引用了许多专家和学者的研究成果，在此一并致谢！

　　最后，感谢××学院给予我一个完美的学习空间，让我可以潜心学习。我想对所有给予我关心、帮助的人说声"谢谢"！今后，我会继续努力，好好学习！好好工作！好好生活！

第6章

塑料零件30例

6.1　透明盖

材料 PMMA，收缩率 0.4％，一模出四件，侧浇口，推板脱模。

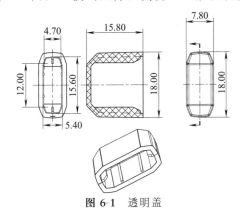

图 6-1　透明盖

6.2　电池门

材料 ABS，收缩率 0.5％，一模出两件，搭接式浇口从其中一个插脚进料。

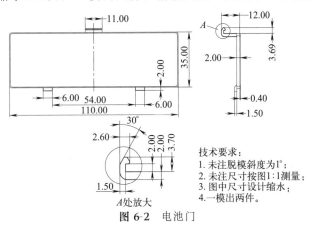

技术要求：
1. 未注脱模斜度为1°；
2. 未注尺寸按图1:1测量；
3. 图中尺寸设计缩水；
4. 一模出两件。

*A*处放大

图 6-2　电池门

6.3 读卡器外壳

材料PP，收缩率2%，一模出两件，侧浇口，斜推杆侧向抽芯。

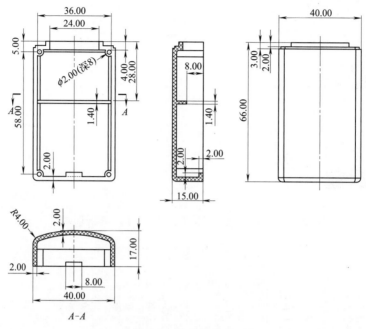

图 6-3 读卡器外壳

6.4 齿轮凸轮

材料PA，收缩率1.4%，一模出四件，点浇口。

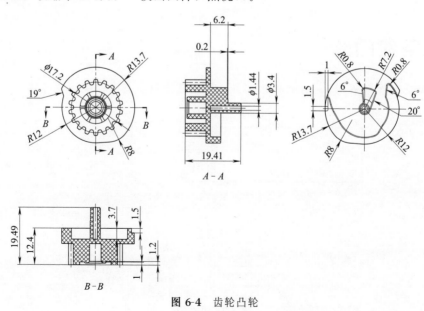

图 6-4 齿轮凸轮

6.5 冰箱隔层

材料 PMMA，收缩率 0.4％，一模出一件，点浇口。

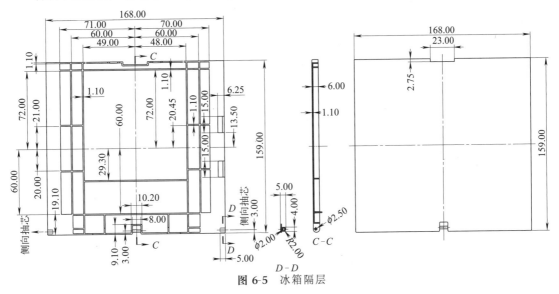

图 6-5 冰箱隔层

6.6 化妆盒盖

材料 PE，收缩率 2.5％，一模出两件，侧浇口或潜伏式浇口，斜顶内侧抽芯。

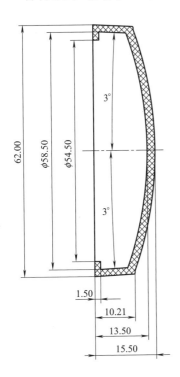
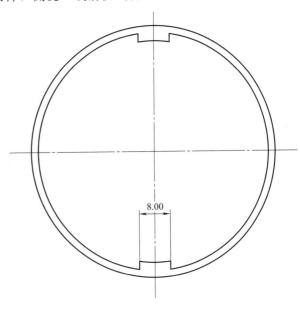

图 6-6 化妆盒盖

6.7 塑料积木

材料 PE，收缩率 2.5%，一模出四件，点浇口。

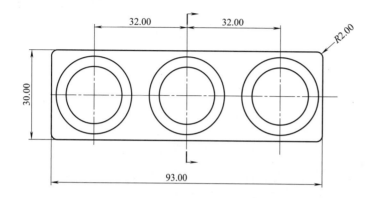

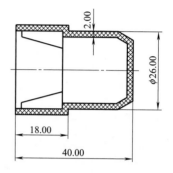

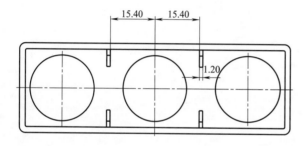

图 6-7 塑料积木

6.8 塑料瓶盖

材料 PE，收缩率 2.5%，一模出四件，点浇口，推管脱模。

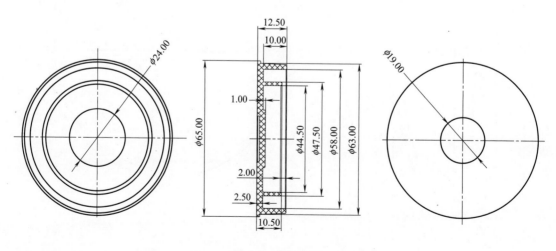

图 6-8 塑料瓶盖

6.9 塑料面罩

材料PP，收缩率2%，一模出两件，点浇口，侧向抽芯机构。

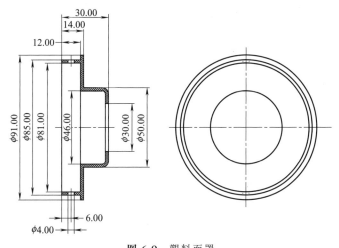

图 6-9 塑料面罩

6.10 剃须刀电池盒

材料HIPS，收缩率0.5%，一模出两件，点浇口，侧向抽芯机构。

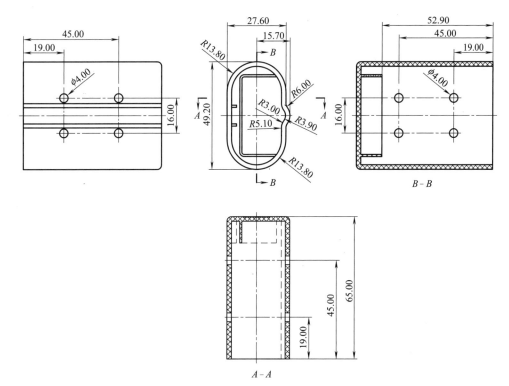

图 6-10 剃须刀电池盒

6.11　接插件

材料 ABS，收缩率 0.5%，一模出两件，点浇口，侧向抽芯。

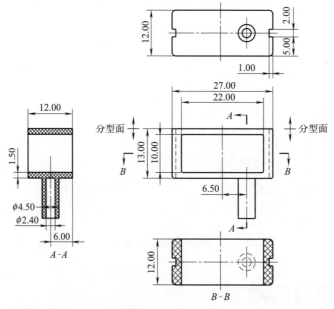

图 6-11　接插件

6.12　扫地机器人中心盖

材料 ABS，收缩率 0.5%，一模出两件，潜伏式浇口，侧向抽芯。

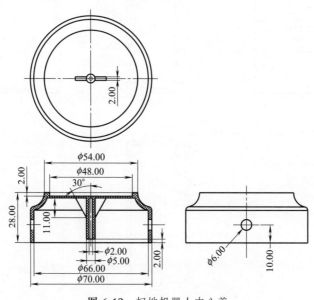

图 6-12　扫地机器人中心盖

6.13 塑料外罩

材料PP，收缩率2%，一模出两件，潜伏式浇口，侧向抽芯机构。

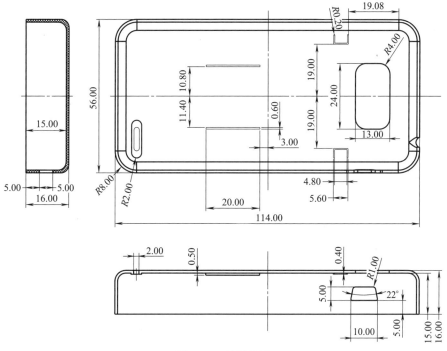

图 6-13 塑料外罩

6.14 天线帽

材料PVC 80°，收缩率1%，一模出四件，侧浇口，侧向抽芯。

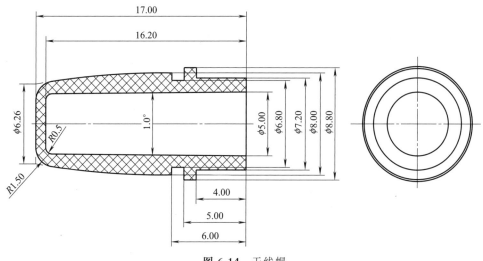

图 6-14 天线帽

6.15　透析器盖

材料 ABS，收缩率 0.5%，一模出两件，潜伏式浇口，侧向抽芯。

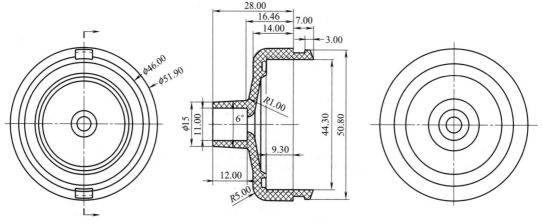

图 6-15　透析器盖

6.16　塑料螺纹桶

材料 PP，收缩率 2%，一模出两件，侧浇口，侧向抽芯。

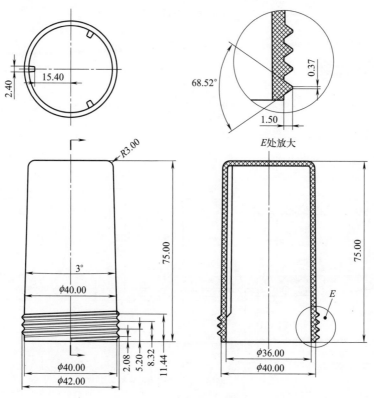

图 6-16　塑料螺纹桶

6.17　塑料按键

材料 ABS，收缩率 0.5％，一模出八件，侧浇口，强制脱模。

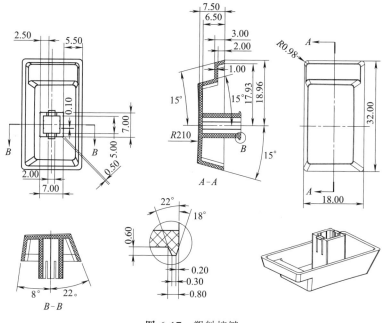

图 6-17　塑料按键

6.18　喇叭罩

材料 PA，收缩率 1.5％，一模出两件，侧浇口，斜推杆侧向抽芯。

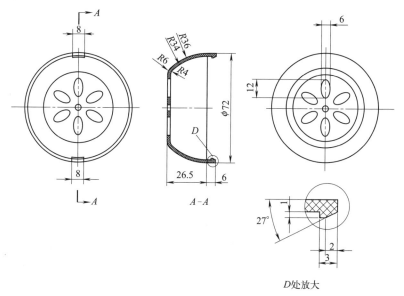

D处放大

图 6-18　喇叭罩

6.19　塑料方盖

材料 PP，收缩率 2％，一模出两件，侧浇口，侧向抽芯。

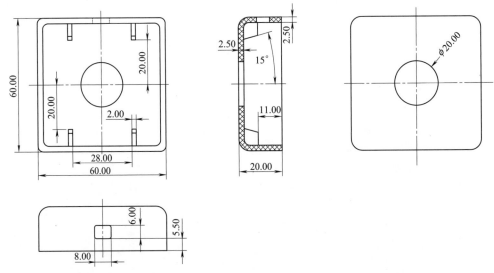

图 6-19　塑料方盖

6.20　香水瓶瓶肩

材料 PP，收缩率 2％，一模出两件，侧浇口，侧向抽芯。

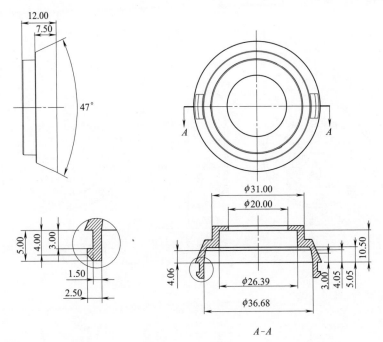

$A-A$

图 6-20　香水瓶瓶肩

6.21 圆珠笔按钮

材料 HIPS，收缩率 0.5%，一模出两件，侧浇口，动模侧向抽芯。

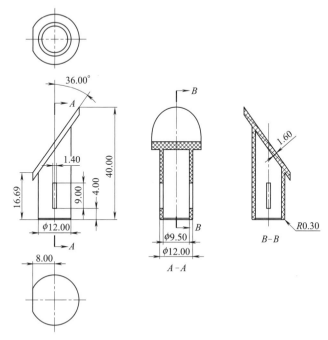

图 6-21 圆珠笔按钮

6.22 游戏机中盖

材料 ABS，收缩率 0.5%，一模出一件，侧浇口（内侧进胶），动模侧向抽芯。

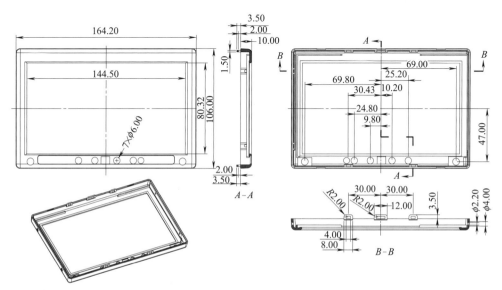

图 6-22 游戏机中盖

6.23 遥控器面盖

材料 ABS，收缩率 0.5%，一模出一件，点浇口，动模斜推杆侧向抽芯。

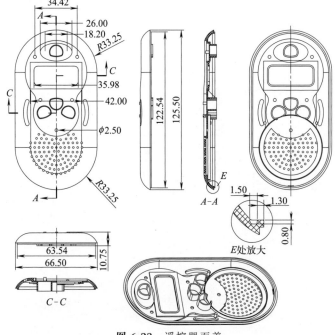

图 6-23 遥控器面盖

6.24 工业一体机手柄

材料 PC＋ABS，收缩率 0.4%，一模出两件，侧浇口，动模斜推杆侧向抽芯。

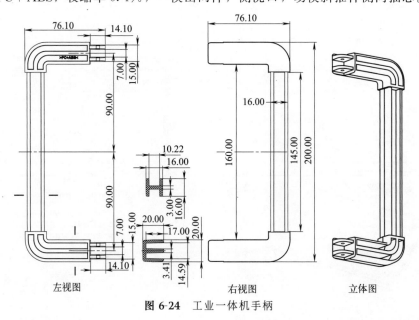

左视图　　　　　右视图　　　　　立体图

图 6-24 工业一体机手柄

6.25 动画游戏机面盖

材料PP，收缩率2%，一模出一件，内侧浇口，侧向抽芯。

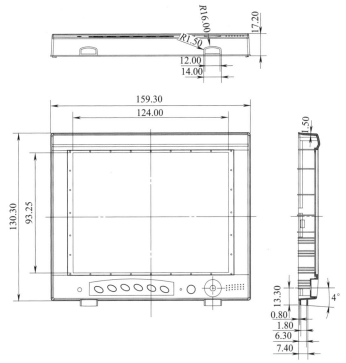

图 6-25 动画游戏机面盖

6.26 塑料桶

材料PE，收缩率2%，一模出一件，中心浇口，动模侧向抽芯。

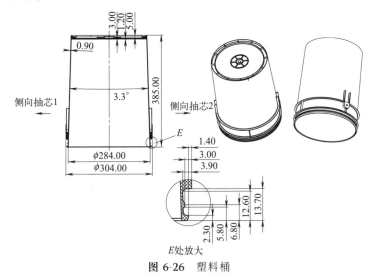

E处放大

图 6-26 塑料桶

6.27　汽车门扣

材料 PE，收缩率 2%，一模出两件，潜伏式浇口，动模侧向抽芯。

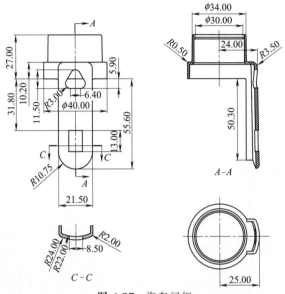

图 6-27　汽车门扣

6.28　珠宝盒上盖

材料 PE，收缩率 2.5%，一模出两件，点浇口转潜伏式浇口，内侧进胶，动模斜推杆侧向抽芯。

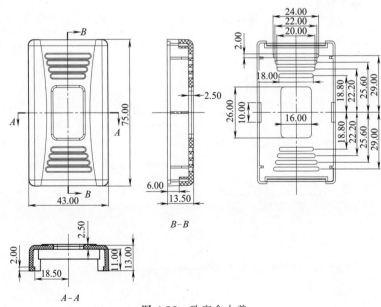

图 6-28　珠宝盒上盖

6.29 迷你扇叶

材料PP，收缩率2%，一模出两件，点浇口，动模侧向抽芯。

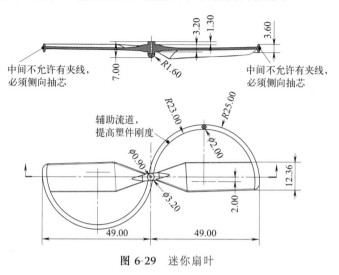

图 6-29 迷你扇叶

6.30 塑料三通管

材料PP，收缩率2%，一模出两件，侧浇口，动模侧向抽芯。

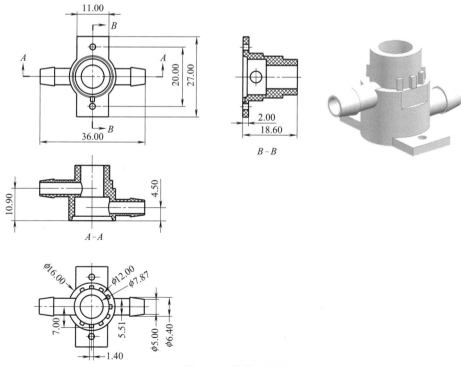

图 6-30 塑料三通管

第7章

注塑模具设计常用资料汇编

7.1 塑料代号及中英文对照

塑料代号及中英文对照见表7-1。

表 7-1 塑料代号及中英文对照表

英文简称	英文全称	中文全称
ABS	acrylonitrile-butadiene-styrene	丙烯腈-丁二烯-苯乙烯共聚物
AS	acrylonitrile-styrene resin	丙烯腈-苯乙烯树脂
AMMA	acrylonitrile-methyl Methacrylate	丙烯腈-甲基丙烯酸甲酯共聚物
ASA	acrylonitrile-styrene-acrylate	丙烯腈-苯乙烯-丙烯酸酯共聚物
CA	cellulose acetate	醋酸纤维素
CAB	cellulose acetate butyrate	醋酸-丁酸纤维素
CAP	cellulose acetate propionate	醋酸-丙酸纤维素
CE	cellulose plastics,general	通用纤维素塑料
CF	cresol-formaldehyde	甲酚-甲醛树脂
CMC	carboxymethyl cellulose	羧甲基纤维素
CN	cellulose nitrate	硝酸纤维素
CP	cellulose propionate	丙酸纤维素
CS	casein	酪蛋白
CTA	cellulose triacetate	三醋酸纤维素
EC	ethyl cellulose	乙烷纤维素
EP	epoxy,epoxide	环氧树脂
EPD	ethylene-propylene-diene	乙烯-丙烯-二烯三元共聚物
ETFE	ethylene-tetrafluoroethylene	乙烯-四氟乙烯共聚物
EVA	ethylene-vinyl acetate	乙烯-醋酸乙烯共聚物
EVAL	ethylene-vinyl alcohol	乙烯-乙烯醇共聚物
FEP	perfluoro(ethylene-propylene)	全氟(乙烯-丙烯)塑料
HDPE	high-density polyethylene plastics	高密度聚乙烯塑料
HIPS	high impact polystyrene	高冲聚苯乙烯
LDPE	low-density polyethylene plastics	低密度聚乙烯塑料
MBS	methacrylate-butadiene-styrene	甲基丙烯酸-丁二烯-苯乙烯共聚物
MDPE	medium-density polyethylene	中密聚乙烯
MF	melamine-formaldehyde resin	三聚氰胺甲醛树脂
MPF	melamine/phenol-formaldehyde	三聚氰胺/酚醛树脂
PA	polyamide（nylon）	聚酰胺（尼龙）
PAA	poly(acrylic acid)	聚丙烯酸
PAN	polyacrylonitrile	聚丙烯腈

英文简称	英文全称	中文全称
PB	polybutene-1	聚丁烯-[1]
PBA	poly(butyl acrylate)	聚丙烯酸丁酯
PC	polycarbonate	聚碳酸酯
PCTFE	polychlorotrifluoroethylene	聚氯三氟乙烯
PDAP	poly(diallyl phthalate)	聚对苯二甲酸二烯丙酯
PE	polyethylene	聚乙烯
PEO	poly(ethylene oxide)	聚环氧乙烷
PF	phenol-formaldehyde resin	酚醛树脂
PI	polyimide	聚酰亚胺
PMCA	poly(methyl-alpha-chloroacrylate)	聚 α-氯代丙烯酸甲酯
PMMA	poly(methyl methacrylate)	聚甲基丙烯酸甲酯
POM	polyoxymethylene,polyacetal	聚甲醛
PP	polypropylene	聚丙烯
PPO	poly(phenylene oxide)deprecated	聚苯醚
PPOX	poly(propylene oxide)	聚环氧(丙)烷
PPS	poly(phenylene sulfide)	聚苯硫醚
PPSU	poly(phenylene sulfone)	聚苯砜
PS	polystyrene	聚苯乙烯
PSU	polysulfone	聚砜
PTFE	polytetrafluoroethylene	聚四氟乙烯
PUR	polyurethane	聚氨酯
PVAC	poly(vinyl acetate)	聚醋酸乙烯
PVAL	poly(vinyl alcohol)	聚乙烯醇
PVB	poly(vinyl butyral)	聚乙烯醇缩丁醛
PVC	poly(vinyl chloride)	聚氯乙烯
PVCA	poly(vinyl chloride-acetate)	聚氯乙烯醋酸乙烯酯
PVDC	poly(vinylidene chloride)	聚(偏二氯乙烯)
PVDF	poly(vinylidene fluoride)	聚(偏二氟乙烯)
PVF	poly(vinyl fluoride)	聚氟乙烯
PVFM	poly(vinyl formal)	聚乙烯醇缩甲醛
PVK	polyvinylcarbazole	聚乙烯咔唑
PVP	polyvinylpyrrolidone	聚乙烯吡咯烷酮
SAN	styrene-acrylonitrile plastic	苯乙烯-丙烯腈塑料
TPEL	thermoplastic elastomer	热塑(性)弹性体
TPES	thermoplastic polyester	热塑性聚酯
TPUR	thermoplastic polyurethane	热塑性聚氨酯
UF	urea-formaldehyde resin	脲甲醛树脂
UP	unsaturated polyester	不饱和聚酯
UHMWPE	ultra-high molecular weight PE	超高分子量聚乙烯
VCE	vinyl chloride-ethylene resin	氯乙烯/乙烯树脂
VCMMA	vinyl chloride-methylmethacrylate	氯乙烯/甲基丙烯酸甲酯共聚物
VCVAC	vinyl chloride-vinyl acetate resin	氯乙烯/醋酸乙烯树脂
VCOA	vinyl chloride-octyl acrylate resin	氯乙烯/丙烯酸辛酯树脂
VCVDC	vinyl chloride-vinylidene chloride	氯乙烯/偏氯乙烯共聚物
VCMA	vinyl chloride-methyl acrylate	氯乙烯/丙烯酸甲酯共聚物
VCEV	vinyl chloride-ethylene-vinyl	氯乙烯/乙烯/醋酸乙烯共聚物

7.2 常用塑料特性及成型条件

不同的塑料其特性和成型条件也不同，同一种塑料，如果生产厂家不同，其特性和成型条件也不尽相同。表 7-2 是常用塑料及其特性。

表 7-2　常用塑料及其特性

塑料名称		缩写代号	密度/(g/cm³)	收缩率/%	成型温度/℃	
					模具温度	料筒温度
丙烯腈、丁二烯、苯乙烯共聚物	高抗冲	ABS	1.01～1.04	0.4～0.7	40～90	210～240
	高耐热		1.05～1.08	0.4～0.7	40～90	220～250
	阻燃		1.16～1.21	0.4～0.8	40～90	210～240
	增强		1.28～1.36	0.1～0.2	40～90	210～240
	透明		1.07	0.6～0.8	40～90	210～240
丙烯腈、丙烯酸酯、苯乙烯共聚物		AAS	1.08～1.09	0.4～0.7	50～85	210～240
聚苯乙烯	耐热	PS	1.04～1.1	0.1～0.8	60～80	200 左右
	抗冲击		1.1	0.2～0.6	60～80	200 左右
	阻燃		1.08	0.2～0.6	60～80	200 左右
	增强		1.2～1.33	0.1～0.3	60～80	200 左右
丙烯腈、苯乙烯共聚物	无填料	AS (SAN)	1.075～1.1	0.2～0.7	65～75	180～270
	增强		1.2～1.46	0.1～0.2	65～75	180～270
丁二烯、苯乙烯共聚物		BS	1.04～1.05	0.4～0.5	65～75	180～270
聚乙烯	低密度	LDPE	0.91～0.925	1.5～5	50～70	180～250
	中密度	MDPE	0.926～0.94	1.5～5	50～70	180～250
	高密度	HDPE	0.941～0.965	2～5	35～65	180～240
	交联	PE	0.93～0.939	2～5	35～65	180～240
乙烯、丙烯酸乙酯共聚物		EEA	0.93	0.15～0.35	低于 60	205～315
乙烯、乙酸乙烯酯共聚物		EVA	0.943	0.7～1.2	24～40	120～180
聚丙烯	未改性	PP	0.902～0.91	1～2.5	40～60	240～280
	共聚		0.89～0.905	1～2.5	40～60	240～280
	惰性料		1.0～1.3	0.5～1.5	40～60	240～280
	玻璃纤维		1.05～1.24	0.2～0.8	40～60	240～280
	抗冲击		0.89～0.91	1～2.5	40～60	160～220
聚酰胺(尼龙)		PA66	1.13～1.15	0.8～1.5	21～94	315～371
		PA66G30	1.38	0.5	30～85	260～310
		PA6	1.12～1.14	0.8～1.5	21～94	250～305
		PA6G30	1.35～1.42	0.4～0.6	30～85	260～310
		PA66/PA6	1.08～1.14	0.6～1.5	35～80	250～305
		PA6/PA12	1.06～1.08	1.1	30～80	250～305
		PA6/PA12G30	1.31～1.38	0.3	30～85	260～310
		PA6/PA9	1.08～1.1	1～1.5	30～85	250～305
		PA6/PA10	1.07～1.09	1.2	30～85	250～305
		PA6/PA10G30	1.31～1.38	0.4	30～85	260～310
		PA11	1.03～1.05	1.2	30～85	250～305
		PA11G30	1.26	0.3	30～85	260～310

塑料名称		缩写代号	密度 /(g/cm³)	收缩率 /%	成型温度/℃	
					模具温度	料筒温度
聚酰胺(尼龙)		PA12	1.01~1.02	0.3~1.5	40	190~260
		PA12G30	1.23	0.3	40~50	200~260
		PA610	1.06~1.08	1.2~1.8	60~90	230~260
		PA610G30	1.25	0.4	60~80	230~280
		PA612	1.06~1.08	1.1	60~80	230~270
		PA613	1.04	1~1.3	60~80	230~270
		PA1313	1.01	1.5~2	20~80	250~300
		PA1010	1.05	1.1~1.5	50~60	190~210
		PA1010G30	1.25	0.4	50~60	200~270
丙烯腈、氯化聚乙烯、苯乙烯共聚物		ACS	1.07	0.5~0.6	50~60	低于200
甲基丙烯酸甲酯、丁二烯、苯乙烯共聚物		MBS	1.042	0.5~0.6	低于80	200~220
聚4-甲基-1-戊烯	透明	TPX	0.83	1.5~3	70	260~300
	不透明		1.09	1.5~3	70	260~300
聚降冰片烯		PM	1.07	0.4~0.5	60~80	250~270
聚氯乙烯	硬质	PVC	1.35~1.45	0.1~0.5	40~50	160~190
	软质		1.16~1.35	1~5	40~50	160~180
氯化聚氯乙烯		CPVC	1.35~1.5	0.1~0.5	90~100	200左右
聚甲基丙烯酸甲酯		PMMA	0.94	0.3~0.4	30~40	220~270
聚甲醛	均聚	POM	1.42	2~2.5	60~80	204~221
	均聚增强		1.5	1.3~2.8	60~80	210~230
	共聚		1.41	2	60~80	204~221
	共聚增强		1.5	0.2~0.6	60~80	210~230
聚碳酸酯	无填料	PC	1.2	0.5~0.7	80~110	250~340
	增强10%		1.25	0.2~0.5	90~120	250~320
	增强30%		1.24~1.52	0.1~0.2	120左右	240~320
	ABS/PS		1.1~1.2	0.5~0.9	90~120	250~320
聚苯醚	未增强	PPO	1.06~1.1	0.07~0.09	120~150	340左右
	增强30%		1.21~1.36	0.03~0.04	120~150	350左右
聚苯硫醚	未增强	PPS	1.34	0.06~0.08	120~150	340~350
	增强30%		1.64	0.02~0.04	120~150	340~350
聚砜		PSF	1.24	0.7	93~98	329~398
聚芳砜		PASF	1.36	0.8	232~260	316~413
聚醚砜		PES	1.14	0.4~0.7	80~110	230~330
聚对苯二甲酸乙二醇酯		PETG30	1.67	0.2~0.9	85~100	265~300
聚对苯二甲酸丁二醇酯		PBT	1.2~1.3	0.6	60~80	250~270
		PBTG30	1.62	0.3	60~80	232~245

塑料名称		缩写代号	密度/(g/cm³)	收缩率/%	成型温度/℃	
					模具温度	料筒温度
氯化聚醚		CPE	1.4	0.6	80～96	160～240
聚三氟氯乙烯		PCTFE	2.07～2.18	1～1.5	130～150	276～306
聚偏氟乙烯		PVDF	1.75～1.78	—	60～90	220～290
丙酸醋酸纤维		CAP	—	0.3～0.6	40～70	190～225
丙酸丁酯纤维		CAB	—	0.3～0.6	40～70	180～220
乙基纤维素		EC	1.14	—	50～70	210～240
聚苯砜		PPSU	1.3	0.3	80～120	320～380
聚醚醚酮	未增强	PEEK	1.26	0.2	160左右	350～365
	增强25%		1.40	0.2	160～180	370～390
聚芳酯	未增强	PAR	1.2	0.3	120左右	280～350
	增强		1.4	0.3	120左右	280～350
聚酚氧		—	1.18	0.3～0.4	50～60	150～220
全氟(乙烯、丙烯)共聚物		PEP	2.14～2.17	3～4	200～230	330～400
热塑性聚氨酯		TPU	1.2～1.25	—	38左右	130～180
聚苯酯		—	1.4	0.5	100～160	370～380
酚醛注射料	H161Z	PF	1.5	0.6～1.1	165±5	65～95
	H163Z		1.5	0.6～1.1	165±5	65～95
	H1501Z		1.5	1.0～1.3	165±5	65～95
	6403Z		1.85	0.6～1.0	165±5	65～95
增强酚醛注射料	FX801	—	1.7～1.8	1.0	165～180	60～90
	FX802		1.7～1.8	1.0	165～180	60～90
	FBMZ7901		1.6～1.75	1.0	165～180	60～90
聚邻苯二甲酸二烯丙酯		DAP	1.27	0.5～0.8	140～150	90左右
三聚氰胺甲醛增强		MF	1.8	0.3	165～170	70～95
醇酸树脂		ALK	1.8～2	0.6～1	150～185	40～100

7.3 模塑件尺寸公差

模具成型塑件尺寸精度是指所获得的塑件尺寸与塑件图中尺寸的符合程度，即所获得塑件尺寸的准确度。影响塑件精度的因素很多，包括模具的制造精度及磨损程度、塑料收缩率的波动、成型工艺参数、模具的结构、塑件的结构形状等。对于工程塑料制品，尤其是以塑代钢的制品，设计者往往简单地套用机械零件的尺寸公差，这是很不合理的，许多工业化国家都根据塑料特性制定了模塑件的尺寸公差。我国也于2008年修订了《塑料模塑件尺寸公差》（GB/T 14486—2008），见表7-3。设计者可根据所用的塑料原料和产品使用要求，根据标准中的规定确定模塑件的尺寸公差。由于影响塑件尺寸精度的因素很多，因此在塑件设计中正确合理地确定尺寸公差是非常重要的。一般来说，在保证使用要求的前提下，精度应设计得尽量低一些。

表 7-3　模塑件尺寸公差（GB/T 14486—2008）

mm

公差等级	公差种类	>0~3	>3~6	>6~10	>10~14	>14~18	>18~24	>24~30	>30~40	>40~50	>50~65	>65~80	>80~100	>100~120	>120~140	>140~160	>160~180	>180~200	>200~225	>225~250	>250~280	>280~315	>315~355	>355~400	>400~450	>450~500	>500~630	>630~800	>800~1000
标注公差的尺寸公差值																													
MT1	a	0.07	0.08	0.09	0.10	0.11	0.12	0.14	0.16	0.18	0.20	0.23	0.26	0.29	0.32	0.36	0.40	0.44	0.48	0.52	0.56	0.60	0.64	0.70	0.78	0.86	0.97	1.16	1.39
MT1	b	0.14	0.16	0.18	0.20	0.21	0.22	0.24	0.26	0.28	0.30	0.33	0.36	0.39	0.42	0.46	0.50	0.54	0.58	0.62	0.66	0.70	0.74	0.80	0.88	0.96	1.07	1.26	1.49
MT2	a	0.10	0.12	0.14	0.16	0.18	0.20	0.22	0.24	0.26	0.30	0.34	0.38	0.42	0.46	0.50	0.54	0.60	0.66	0.72	0.76	0.84	0.92	1.00	1.10	1.20	1.40	1.70	2.10
MT2	b	0.20	0.22	0.24	0.26	0.28	0.30	0.32	0.34	0.36	0.40	0.44	0.48	0.52	0.56	0.60	0.64	0.70	0.76	0.82	0.86	0.94	1.02	1.10	1.20	1.30	1.50	1.80	2.20
MT3	a	0.12	0.14	0.16	0.18	0.20	0.22	0.26	0.30	0.34	0.40	0.46	0.52	0.58	0.64	0.70	0.78	0.86	0.92	1.00	1.10	1.20	1.30	1.44	1.60	1.74	2.00	2.40	3.00
MT3	b	0.32	0.34	0.36	0.38	0.40	0.42	0.46	0.50	0.54	0.60	0.66	0.72	0.78	0.84	0.90	0.98	1.06	1.12	1.20	1.30	1.40	1.50	1.64	1.80	1.94	2.20	2.60	3.20
MT4	a	0.16	0.18	0.20	0.24	0.28	0.32	0.36	0.42	0.48	0.56	0.64	0.72	0.82	0.92	1.02	1.12	1.24	1.36	1.48	1.62	1.80	2.00	2.20	2.40	2.60	3.10	3.80	4.60
MT4	b	0.36	0.38	0.40	0.44	0.48	0.52	0.56	0.62	0.68	0.76	0.84	0.92	1.02	1.12	1.22	1.32	1.44	1.56	1.68	1.82	2.00	2.20	2.40	2.60	2.80	3.30	4.00	4.80
MT5	a	0.20	0.24	0.28	0.32	0.38	0.44	0.50	0.56	0.64	0.74	0.86	1.00	1.14	1.28	1.44	1.60	1.76	1.92	2.10	2.30	2.50	2.80	3.10	3.50	3.90	4.50	5.60	6.90
MT5	b	0.40	0.44	0.48	0.52	0.58	0.64	0.70	0.76	0.84	0.94	1.06	1.20	1.34	1.48	1.64	1.80	1.96	2.12	2.30	2.50	2.70	3.00	3.30	3.70	4.10	4.70	5.80	7.10
MT6	a	0.26	0.32	0.38	0.46	0.52	0.60	0.70	0.80	0.94	1.10	1.28	1.48	1.72	1.92	2.20	2.40	2.60	2.90	3.20	3.50	3.90	4.30	4.80	5.30	5.90	6.90	8.50	10.60
MT6	b	0.46	0.52	0.58	0.66	0.72	0.80	0.90	1.00	1.14	1.30	1.48	1.68	1.92	2.20	2.40	2.60	2.80	3.10	3.40	3.70	4.10	4.50	5.00	5.50	6.10	7.10	8.70	10.80
MT7	a	0.38	0.46	0.56	0.66	0.76	0.86	0.98	1.12	1.32	1.54	1.80	2.10	2.40	2.70	3.00	3.30	3.70	4.10	4.50	4.90	5.40	6.00	6.70	7.40	8.20	9.60	11.90	14.80
MT7	b	0.58	0.66	0.76	0.86	0.96	1.06	1.18	1.32	1.52	1.74	2.00	2.30	2.60	2.90	3.20	3.50	3.90	4.30	4.70	5.10	5.60	6.20	6.90	7.60	8.40	9.80	12.10	15.00
未注公差的尺寸允许偏差																													
MT5	a	±0.10	±0.12	±0.14	±0.16	±0.19	±0.22	±0.25	±0.28	±0.32	±0.37	±0.43	±0.50	±0.57	±0.64	±0.72	±0.80	±0.88	±0.96	±1.05	±1.15	±1.25	±1.40	±1.55	±1.75	±1.95	±2.25	±2.80	±3.45
MT5	b	±0.20	±0.22	±0.24	±0.26	±0.29	±0.32	±0.35	±0.38	±0.42	±0.47	±0.53	±0.60	±0.67	±0.74	±0.82	±0.90	±0.98	±1.06	±1.15	±1.25	±1.35	±1.50	±1.65	±1.85	±2.05	±2.35	±2.90	±3.55
MT6	a	±0.13	±0.16	±0.19	±0.23	±0.26	±0.30	±0.35	±0.40	±0.47	±0.55	±0.64	±0.74	±0.86	±1.00	±1.10	±1.20	±1.30	±1.45	±1.60	±1.75	±1.95	±2.15	±2.40	±2.65	±2.95	±3.45	±4.25	±5.30
MT6	b	±0.23	±0.26	±0.29	±0.33	±0.36	±0.40	±0.45	±0.50	±0.57	±0.65	±0.74	±0.84	±0.96	±1.10	±1.20	±1.30	±1.40	±1.55	±1.70	±1.85	±2.05	±2.25	±2.50	±2.75	±3.05	±3.55	±4.35	±5.40
MT7	a	±0.19	±0.23	±0.28	±0.33	±0.38	±0.43	±0.49	±0.56	±0.66	±0.77	±0.90	±1.05	±1.20	±1.35	±1.50	±1.65	±1.85	±2.05	±2.25	±2.45	±2.70	±3.00	±3.35	±3.70	±4.10	±4.80	±5.95	±7.40
MT7	b	±0.29	±0.33	±0.38	±0.43	±0.48	±0.53	±0.59	±0.66	±0.76	±0.87	±1.00	±1.15	±1.30	±1.45	±1.60	±1.75	±1.95	±2.15	±2.35	±2.55	±2.80	±3.10	±3.45	±3.80	±4.20	±4.90	±6.05	±7.50

注：1. a 为不受模具活动部分影响的尺寸公差值；b 为受模具活动部分影响的尺寸公差值。

2. MT1 级为精密级，只有采用严密的工艺控制措施和高精度的模具、设备，原料时才有可能选用。

7.4 模具设计制图标准

7.4.1 模具设计图中常用线条（表 7-4）

表 7-4 模具设计图中常用线条（摘自 GB/T 4457.4—2002）

线型	图示	线宽	应用
细实线	——————	约 $d/2$	1. 尺寸线及尺寸界线 2. 剖面线 3. 重合剖面的轮廓线 4. 螺纹的牙底线及齿轮的齿根线 5. 引出线 6. 分界线及范围线 7. 弯折线 8. 辅助线 9. 不连续的同一表面的连线 10. 成规律分布的相同要素的连线
波浪线	～～～	约 $d/2$	1. 断裂处的边界线 2. 视图和剖视图的分界线
双折线	⌁⌁	约 $d/2$	1. 断裂处的边界线 2. 视图和剖视图的分界线
虚线	- - - - - - -	约 $d/2$	1. 不可见轮廓线 2. 不可见棱边线
细点画线	— · — · —	约 $d/2$	1. 轴线 2. 对称中心线 3. 轨迹线 4. 节圆及节线
粗点画线	━ · ━ · ━	d	有特殊要求的线或表面的表示线
双点画线	— ·· — ·· —	约 $d/2$	1. 相邻辅助零件的轮廓线 2. 极限位置的轮廓线 3. 坯料的轮廓线或毛坯图中制成品的轮廓线 4. 假想投影轮廓线 5. 试验或工艺用结构(成品上不存在的轮廓线) 6. 中断线

注：图线宽度 d 系列为 0.13mm、0.18mm、0.35mm、0.5mm、0.7mm、1.0mm、1.4mm、2.0mm。

7.4.2 模具设计图纸比例

图纸比例的表示方法为 $A:B$。A 为图纸上绘画的尺寸，B 为模具零件的真实尺寸。如果 $A < B$，则是缩小的比例；如果 $A > B$，则是放大的比例；如果 $A = B$，则比例表示为 $1:1$。模具设计时尽量采用 $1:1$ 的比例，而图纸打印时装配图尽可能按 $1:1$ 打印，零件图应根据实际需要缩放打印，原则是能清晰地表达出零件形状。如果绘图时必须放大或缩小，则比例的选取应符合国家标准 GB/T 14690—1993，见表 7-5。

表 7-5　绘图比例　(GB/T 14690—1993)

与原值比例	1：1	说明
缩小的比例	1：2　1：5　1：10 1：2×10^n　1：5×10^n　1：1×10^n (1：1.5)　(1：2.5)　(1：3) (1：4)　(1：6)　(1：1.5×10^n) (1：2.5×10^n)　(1：3×10^n) (1：4×10^n)　(1：6×10^n)	1. 比例：图中图形与其实物相应要素的线性尺寸之比 2. 原值比例：比值为1的比例，即1：1 3. 放大比例：比值大于1的比例，如2：1等 4. 缩小比例：比值小于1的比例，如1：2等 5. 当某个视图或剖视图需要采用不同比例时，必须另行标注
放大的比例	5：1　2：1　5×10^n：1 2×10^n：1　1×10^n：1 (4：1)　(2.5：1)　(4×10^n：1) (2.5×10^n：1)	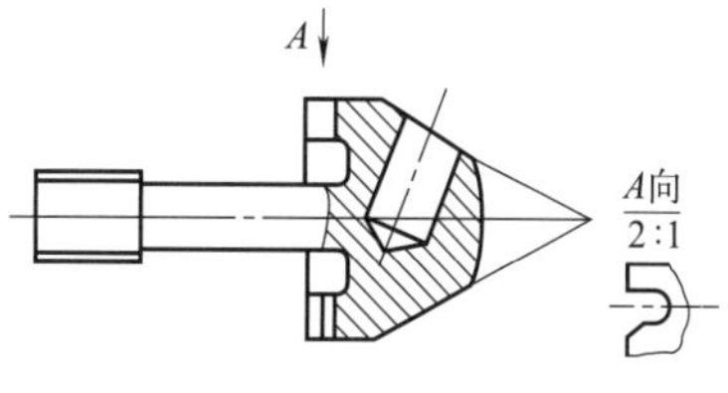

注：1. n 为正整数。

2. 带括号的为必要时允许采用的比例。

7.4.3　模具设计视图投影方法

投影方法有第一角投影和第三角投影两种，见表 7-6。不同国家采用的制图投影方法不尽相同，国标和 ISO 标准一般用第一角投影。

使用第一角投影的有：中国、德国、法国和俄罗斯等。使用第三角投影的有：美国、英国、日本。我国的台湾和香港等地区也采用第三角投影。因此采用何种投影方法绘图应视客户需求来确定。

表 7-6　第一角投影和第三角投影（摘自 GB/T 14692—2008）

投影法	说明	画法
第一角投影法	将物体置于投影体系中的第一角内，即将物体处于观察者与投影面之间进行投影，然后按规定展开投影面，六个基本投影面的展开方法见图(a)，各视图的配置见图(b)，第一角画法的识别符号见图(c)	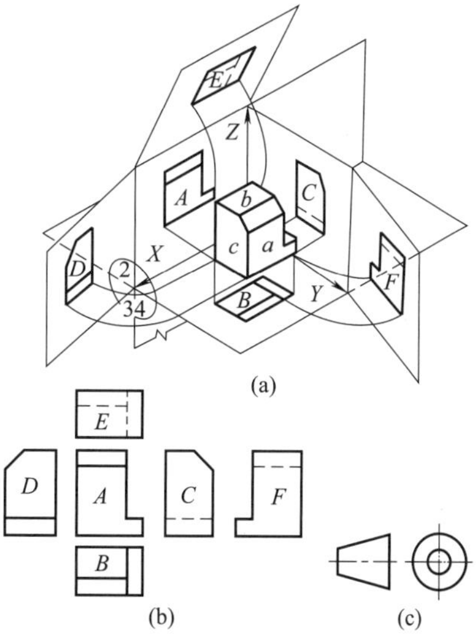

投影法	说明	画法
第三角投影法	将物体置于投影体系中的第三角内,即将投影面处于观察者与物体之间进行投影,然后按规定展开投影面,六个基本投影面的展开方法见图(d),各视图的配置见图(e),第三角画法的识别符号见图(f)	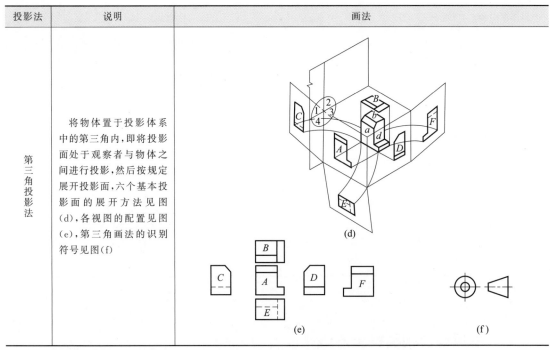

注：机械制图时，应以正投影法为主，以轴测投影法及透视投影法为辅。

7.4.4　模具图绘制

① 设计任务一旦下达，模具负责人即按客户要求指示相关工程师制定《模具生产计划书》，并在最短时间内确定并通知各设计人员。

②《模具生产计划书》为模具设计制造必需的资料依据，设计人员需随时关注其版本更新情况，及时做出反应。

③ 设计伊始，模具设计组长需按具体情况填写《模具设计计划书》，然后汇报给模具负责人，并交由生产控制（PC）工程师制定正式的《模具设计计划书》下达给各模具设计人员。

④《模具设计计划书》是模具设计生产的时间依据，是保证进度的重要文件。设计计划书一旦下达，各设计人员需在计划书所规定的期限内完成图纸绘制，无特殊情况不得延期。

⑤ 各设计人员应随时关注塑件更新情况，保证所设计模具产品为最新版本。如果发现有问题，应及时向组长或模具负责人反映。

⑥ 若客户对模具有特殊的技术要求，则需酌情按其要求进行设计，设计内容需经由客户确认方可正式生产。

⑦ 模具设计部门应结合本公司历年的设计经验制定《模具设计中心内部技术规范》，作为各设计人员设计生产时统一的技术依据。各项设计内容需做到详尽、准确且符合规范要求。

⑧ 各设计人员在模具图绘制完成后，将文档复制到规定的文档内，并通知模具负责人检查校对。

⑨ 模具负责人检查完毕填写《模具设计图检查问题记录表》并附以简单示意图发给相关设计人员。

⑩ 设计人员根据《模具设计图检查问题记录表》所列更改意见逐项修改设计。若有问题需及时向模具负责人反映，更改完后签名再送模具负责人检查确认。

⑪ 模具负责人再次检查，确认无误后，通知客户或产品设计工程师模具设计完成，模具开始制造。

⑫ 通知相关工程师将 3D 模具图转为 2D 模具图标注尺寸，同时将 3D 图档交 CNC 编程，将外购钢材和标准件交采购部采购。

7.4.5　注塑模具设计有关标准

① 将塑件图尺寸加上收缩尺寸，镜射后方可放入模具图中成为型芯、型腔图。

② 模具图上需明确标注模具基准和塑件基准，并注明与模具中心之间的尺寸大小，见图 7-1。

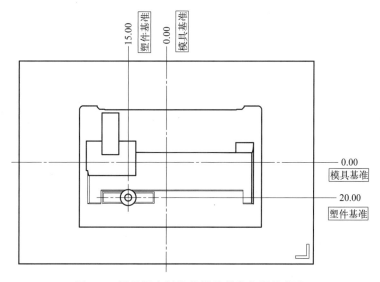

图 7-1　模具图中标注的模具基准和塑件基准

③ 根据塑件尺寸确定模具各尺寸是否合适，见图 7-2。其一般原则如下。

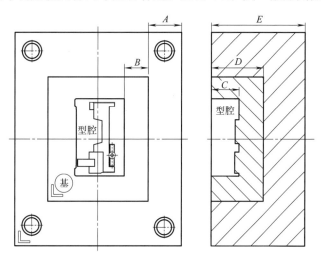

图 7-2　模具图中各尺寸校核

a. 两板模，A 一般为 45～70mm，如有滑块则为 100mm 左右。

b. 三板模，A 一般为 75～100mm，如有滑块则为 150mm 左右。

c. 塑件尺寸<150mm×150mm，C<30mm，则 B 一般为 15～25mm，D 一般为 25～50mm。

d. 塑件尺寸≥150mm×150mm，则 B 一般为 25～50mm。

e. D 一般为 C+(20～40)mm。E 在动模板中一般大于 $2D$，在定模板中一般略小于 $2D$。

④ 确认塑料及收缩率是否正确。有些塑件各个方向的收缩率未必相同，如图 7-3 所示，所用塑料为 POM，其收缩率选取方式是芯型 2.2%、型腔 1.8%、分型面及中心距 2.0%。

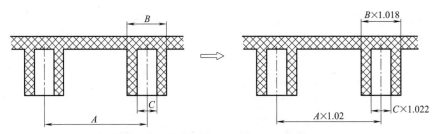

图 7-3 收缩率应根据塑料及尺寸性质确定

⑤ 模架和内模镶件的基准角需标示清楚，且方向一致。

⑥ 蚀纹面、透明塑件、擦穿面的脱模斜度应合理。一般蚀纹面至少 1.5°，透明塑件和擦穿面至少 3°。

⑦ 模架吊环螺纹孔规格及尺寸需标示清楚，对于宽度 450mm 以上的模架，A、B 板四个面都要加吊环螺纹孔。

⑧ 螺钉长度及螺纹孔深度及规格需标示清楚，并标示顺序号，如 S1、S2 等，见图 7-4。

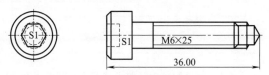

图 7-4 螺钉及螺纹孔标注

⑨ 冷却水流动路线需标示清楚，冷却水孔间最佳距离为 50mm，距离分型面或塑件以 15～20mm 为佳，见图 7-5。注意检查水孔 O 形密封圈是否与推杆、螺钉及斜顶等干涉。

⑩ 冷却水孔需编号，直径及水管接头的螺纹需标示，例如 1#IN、1#OUT、1/8PT、1/4PT 等。见图 7-6。

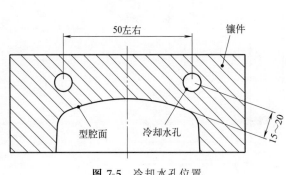

图 7-5 冷却水孔位置

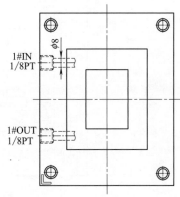

图 7-6 冷却水孔标注

⑪ 推杆、推管、扁推杆一般离型腔边需在 2.0mm 以上，推杆的排布应尽量使推出平衡，推杆直径最大不宜超过为 12mm，切忌订购非标准推杆、推管（例如 $\phi6.03\text{mm} \times \phi3.02\text{mm}$ 的 BOSS 柱司筒应订 $\phi6\text{mm} \times \phi3\text{mm}$ 即可），客户要求例外。

⑫ 滑块及斜顶的行程需标示清楚，并确认行程是否合理。

⑬ 塑件上字体内容、位置、字体大小及深度（凸或凹）均需在镶件图中标示清楚。

⑭ 在模具 DWG 图档中同种线型应用同种颜色表示，比如：

a. 中心线使用 1 号红色（sjgm.dwt 中 center 层）；

b. 虚线使用 4 号浅绿色（sjgm.dwt 中 unsee 层）；

c. 实线使用 7 号白色（sjgm.dwt 中 continuous 层）；

d. 冷却水路统一使用 5 号绿色（sjgm.dwt 中 pipe 层）；

e. 尺寸线统一使用 3 号蓝色，文字用 7 号白色（sjgm.dwt 中 dim 层）；

f. 剖面线统一使用 8 号灰色（skg.dwt 中 hatch 层）；

g. 镶件线使用 6 号紫色（sjgm.dwt 中 lmag 层）。

⑮ 图层的管理：建立不同的图层，将不同类型的零件线条放在不同的图层内。比如尺寸线放在 dim 图层内，冷却水路线条放在 cool 图层内，推杆轮廓线放在 inject 图层内，内模镶件放在 insert 图层内，模架等结构件放在 mould 图层内，等等。

7.5 模具设计的一般流程

模具设计的一般流程见表 7-7。

表 7-7 模具设计的一般流程

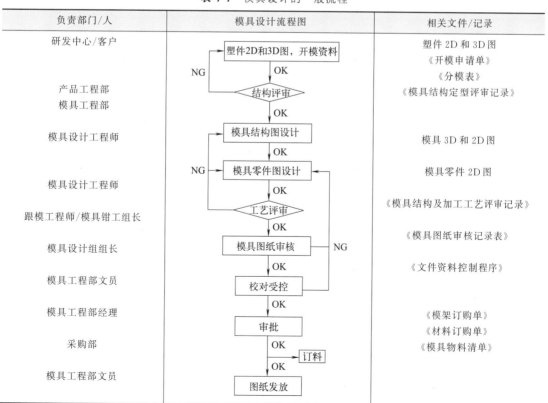

负责部门/人	模具设计流程图	相关文件/记录
研发中心/客户	塑件2D和3D图，开模资料	塑件 2D 和 3D 图《开模申请单》
产品工程部 模具工程部	NG → 结构评审 → OK	《分模表》《模具结构定型评审记录》
模具设计工程师	模具结构图设计 → OK	模具 3D 和 2D 图
模具设计工程师	NG → 模具零件图设计 → OK	模具零件 2D 图
跟模工程师/模具钳工组长	工艺评审 → OK	《模具结构及加工工艺评审记录》
模具设计组组长	模具图纸审核 → NG	《模具图纸审核记录表》
模具工程部文员	校对受控 → OK	《文件资料控制程序》
模具工程部经理	审批 → OK	《模架订购单》《材料订购单》
采购部	订料 → OK	《模具物料清单》
模具工程部文员	图纸发放	

7.6 注塑模具装配图视图摆放方式（图7-7）

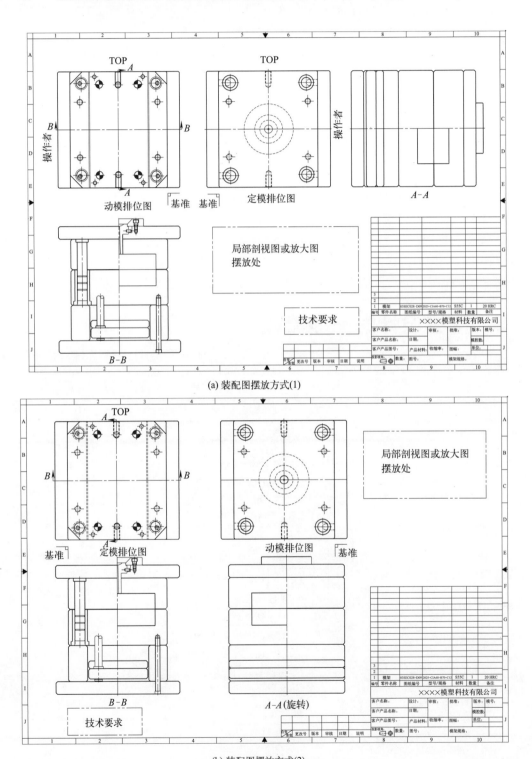

(a) 装配图摆放方式(1)

(b) 装配图摆放方式(2)

图 7-7 注塑模具装配图视图摆放方式

7.7　内六角紧固螺钉设计

模具中常用的紧固螺钉主要采用内六角圆柱头螺钉，内六角圆柱头螺钉有公制和英制两种。在模具中，紧固螺钉应按不同需要选用不同类型和规格，同时应保证紧固力均匀、足够。

内六角螺钉的优先规格：M4、M6、M10、M12。

内六角螺钉主要用于模板、型芯、小镶件及其他一些结构组件。除前述定位圈、浇口套所用的螺钉外，其他如镶件、型芯、固定板等所用螺钉以适用为主，并尽量选用优先规格，用于动、定模镶件的紧固螺钉，选用时应满足下列要求。

① 大小和数量：紧固螺钉的大小和数量可按表7-8确定。

② 位置：螺纹孔应布置在四个角上，而且对称布置，见图7-8。螺纹孔到镶件边的尺寸 W_1 可取螺纹孔直径的1~1.5倍。

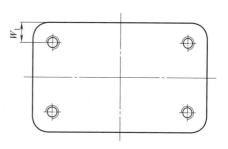

图 7-8　螺纹孔位置

表 7-8　紧固螺钉的大小和数量与镶件大小的关系

镶件大小/mm	≤50×50	50×50~ 100×100	100×100~ 200×200	200×200~ 300×300	>300×300
螺钉大小	M6(或 M1/4″)	M6(或 M1/4″)	M8(或 M5/16″)	M10(或 M3/8″)	M12(或 M1/2″)
螺钉数量	2	4	4	6~8	6~8

③ 内六角圆柱头螺钉规格：英制规格见图7-9，公制规格见图7-10。

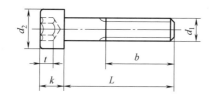

单位：in

d_1		6#	8#	10#	1/4	5/16	3/8	7/16	1/2	5/8	3/4	7/8	1
P		32	32	24	20	18	16	14	13	11	10	9	8
S		7/64	9/64	5/32	3/16	1/4	5/16	3/8	3/8	1/2	5/8	3/4	3/4
d_2	max	0.226	0.27	0.312	0.375	0.469	0.562	0.656	0.75	0.938	1.125	1.312	1.5
	min	0.218	0.262	0.303	0.365	0.457	0.55	0.642	0.735	0.921	1.107	1.293	1.479
k	max	0.138	0.164	0.19	0.25	0.312	0.375	0.438	0.5	0.625	0.75	0.875	1.0
	min	0.134	0.159	0.185	0.244	0.306	0.368	0.43	0.492	0.616	0.74	0.864	0.988
t(min)		0.064	0.077	0.09	0.12	0.151	0.182	0.213	0.245	0.307	0.37	0.432	0.495
b		0.75	0.88	0.88	1.00	1.12	1.25	1.38	1.5	1.75	2.00	2.25	2.5
L 全牙		1/4~1¾											
L 半牙		1¼~4											

注：英制螺距 P 用每英寸的牙数来表示。

图 7-9　英制内六角圆柱头螺钉及其规格

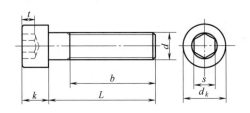

单位：mm

公称直径 d	螺距 P	b	d_k		$d_s \approx d$		k		s		t
			max	min	max	min	max	min	max	min	
M1.4	0.3	14	2.74	2.46	1.4	1.26	1.4	1.26	1.36	1.32	0.6
M1.6	0.35	15	3.14	2.86	1.6	1.46	1.6	1.46	1.56	1.52	0.7
M2	0.4	16	3.98	3.62	2	1.86	2	1.86	1.56	1.52	1
M2.5	0.45	17	4.68	4.32	2.5	2.36	2.5	2.36	2.06	2.02	1.1
M3	0.5	18	5.68	5.32	3	2.86	3	2.86	2.58	2.52	1.3
M4	0.7	20	7.22	6.78	4	3.82	4	3.82	3.08	3.02	2
M5	0.8	22	8.72	8.28	5	4.82	5	4.82	4.095	4.02	2.5
M6	1	24	10.22	9.78	6	5.82	6	5.7	5.14	5.02	3
M8	1/1.25	28	13.27	12.73	8	7.78	8	7.64	6.14	6.02	4
M10	1/1.25/1.5	32	16.27	15.73	10	9.78	10	9.64	8.175	8.025	5
M12	1.25/1.5/1.75	36	18.27	17.73	12	11.73	12	11.57	10.175	10.025	6
M14	1.5/2	40	21.33	20.67	14	13.73	14	13.57	12.212	12.032	7
M16	1.5/2	44	24.33	23.67	16	15.73	16	15.57	14.212	14.032	8
M18	1.5/2/2.5	48	27.33	26.67	18	17.73	18	17.57	14.212	14.032	9

图 7-10 公制内六角圆柱头螺钉及其规格

7.8 注塑模具中弹簧及其选用

模具中，弹簧主要用于提供推杆板复位、侧向抽芯机构中滑块的定位以及活动模板的定距分型等组件运动的辅助动力。弹簧由于没有刚性推力，而且容易产生疲劳失效，因此不允许单独使用。模具中的弹簧有矩形蓝弹簧和圆线黑弹簧，由于矩形蓝弹簧比圆线黑弹簧弹性系数大，刚性较强，压缩比也较大，故模具上常用矩形蓝弹簧。矩形弹簧的寿命与压缩比的关系见表 7-9。

表 7-9 矩形弹簧的寿命与压缩比

种类	轻小荷重	轻荷重	中荷重	重荷重	极重荷重
色别（记号）	黄色（TF）	蓝色（TL）	红色（TM）	绿色（TH）	咖啡色（TB）
100 万次（自由长 %）	40%	32%	25.6%	19.2%	16%
50 万次（自由长 %）	45%	36%	28.8%	21.6%	18%
30 万次（自由长 %）	50%	40%	32%	24%	20%
最大压缩比	58%	48%	38%	28%	24%

7.8.1 推杆板复位弹簧

复位弹簧的作用是在注射机的顶棍退回之后，模具的动模 A 板和定模 B 板合模之前，就将推杆板推回原位。复位弹簧常用矩形蓝弹簧，但如果模具较大，推杆数量较多，则必须考虑使用绿色或咖啡色的矩形弹簧。

复位弹簧装配见图 7-11。轻荷重弹簧选用时应注意以下几个方面。

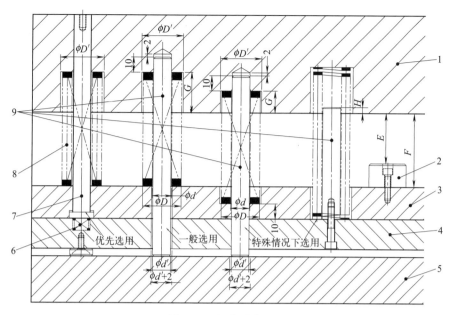

图 7-11　复位弹簧装配

1—动模 B 板；2—限位柱；3—推杆固定板；4—推杆底板；5—模具底板；6—先复位弹簧；

7—复位杆；8—复位弹簧；9—弹簧导杆

（1）预压量和预压比

当推杆板退回原位时，弹簧依然要保持对推杆板有弹力的作用，这个力来源于弹簧的预压量，预压量一般要求为弹簧自由长度的 10% 左右。

预压量除以自由长度就是预压比，直径较大的弹簧选用较小的预压比，直径较小的弹簧选用较大的预压比。

在选用模具推杆板复位弹簧时，一般不采用预压比，而直接采用预压量，这样可以保证在弹簧直径尺寸一致的情况下，施加于推杆板上的预压力不受弹簧自由长度的影响。预压量一般取 10.0～15.0mm。

（2）压缩量和压缩比

模具中常用压缩弹簧，推杆板推出塑件时弹簧受到压缩，压缩量等于塑件的推出距离。压缩比是压缩量和自由长度之比，一般根据寿命要求，矩形蓝弹簧的压缩比在 30%～40% 之间，压缩比越小，使用寿命越长。

（3）复位弹簧数量和直径（见表 7-10）

表 7-10　复位弹簧数量和直径　　　　　　　　　　　　单位：mm

模架宽度	$L \leqslant 200$	$200 < L \leqslant 300$	$300 < L \leqslant 400$	$400 < L \leqslant 500$	$L > 500$
弹簧数量	2	2～4	4	4～6	4～6
弹簧直径	25	30	30～40	40～50	50

（4）弹簧自由长度的确定

① 自由长度计算：弹簧自由长度应根据压缩比及所需压缩量而定。

$$L_{自由} = (E+P)/S$$

式中　E——推杆板行程，E＝塑件推出的最小距离＋(15～20)mm；

P——预压量，一般取 $10\sim15\text{mm}$，根据复位时的阻力确定，阻力小则预压量小，通常情况下也可以按模架大小来选取［模架 3030（含）以下，预压量为 5mm；模架 3030 以上，预压量为 $10\sim15\text{mm}$］；

S——压缩比，一般取 $30\%\sim40\%$，根据模具寿命、模具大小及塑件距离等因素确定；

$L_{自由}$——自由长度，需向上取规格长度。

② 推杆板复位弹簧的最小长度 $L_{\min}$ 必须满足藏入动模 B 板或托板 $L_2=15\sim20\text{mm}$，若计算长度小于最小长度 $L_{\min}$，则以最小长度为准；若计算长度大于最小长度 $L_{\min}$，则以计算长度为准。

自由长度必须按标准长度，不准切断使用，优先用 10 的倍数，不够时可用两根弹簧接用。

（5）复位弹簧的装配说明

① 一般中小型模架，定做模架时可将弹簧套于复位杆上，未套于复位杆上的弹簧一般安装在复位杆旁边，并加导杆防止弹簧压缩时弹出。

② 当模具为窄长形状（长度为宽度 2 倍左右）时，弹簧数量应增加 2 根，安装在模具中间。

③ 弹簧位置要求对称布置。弹簧直径规格根据模具所能利用的空间及模具所需的弹力而定，尽量选用直径较大的规格。

④ 弹簧孔的直径应比弹簧外径大 2mm。

⑤ 装配图中弹簧处于预压状态，长度 $L_1=$ 自由长度－预压量。

⑥ 限位柱必须保证弹簧的压缩比不超过 40%。

7.8.2 侧向抽芯机构中的滑块定位弹簧设计

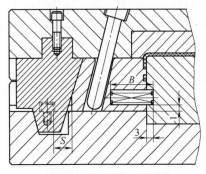

图 7-12 滑块定位弹簧

滑块弹簧选用时因行程不同而有两种弹簧可供选用：矩形蓝弹簧和圆线黑弹簧。

侧向抽芯机构中的弹簧主要配合挡销、挡块等对滑块起定位作用，开模后当斜导柱和楔紧块离开滑块后弹簧推住滑块不要往回滑动，见图 7-12。弹簧常用直径为 10mm、12mm、16mm、20mm 和 25mm 等，压缩比可取 $1/4\sim1/3$，数量通常为两根。

滑块弹簧自由长度计算：

$$L_{自由}=S\times 3$$

式中 S——滑块抽芯距离；

$L_{自由}$——自由长度，需向上取标准长度。

注意事项：弹簧在滑块装配图中为压缩状态，见图 7-11。

$$B=自由长度－预压量－抽芯距离$$

预压量可以通过计算确定：滑块预压量＝压力/弹性系数。向上抽芯的压力为滑块加上侧抽芯机构的重力，向下或左右抽芯时预压量可取自由长度的 10%。

预压量也可以取下列经验数据：

① 一般情况弹开后预压量为 5mm；

② 若滑块为向上抽芯，且滑块质量超过 8～20kg，预压量需加大到 10mm，同时弹簧总长度＝$S×3.5$，再向上取整数；

③ 若滑块为向上抽芯，且滑块质量超过 20kg 时，预压量需加大到 15mm。

滑块中的弹簧应防止弹出，因此，弹簧装配孔不宜太大；滑块抽芯距较大时，要加装导向销；滑块抽芯距较大，又不便加装导向销时，可用外置式弹簧定位。

注：滑块质量＝滑块的体积×钢材的密度（钢材的密度为：$7.85g/cm^3$）。

7.8.3 活动板之间的弹簧

当模具存在两个或两个以上分型面时，模具需要增加定距分型机构，其中弹簧就是该机构重要的零件之一，其作用是让模具在开模时按照既定的顺序打开，见图 7-13 中的分型面 Ⅰ 和 Ⅲ。这里的弹簧在开模后往往不需要像复位弹簧那样自始至终处于压缩状态，弹簧只需要在该分型面打开的前 10～20mm 保持对模板的推力即可，只要这个面按时打开了，它的任务就完成了。通常采用点浇口浇注系统的三板模，第一个分型面所采用的弹簧都是 $\phi40mm×30mm$ 的矩形（黄色）弹簧，其他模板的开模弹簧可视具体情况选用。

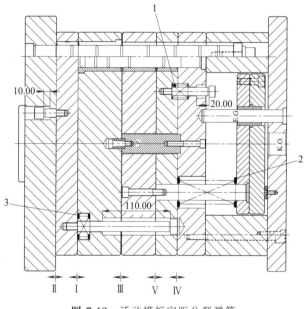

图 7-13 活动模板定距分型弹簧
1—分型面Ⅳ开模弹簧；2—推杆板复位弹簧；3—分型面Ⅰ开模弹簧

7.8.4 弹簧的规格

① 模具用矩形（蓝色）弹簧（轻荷重）见图 7-14，相关参数见表 7-11 和表 7-12。

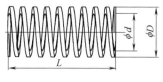

图 7-14 矩形弹簧

表 7-11　矩形（蓝色）弹簧英制规格

φD	φ3/8″	φ1/2″	φ5/8″	φ3/4″	φ1″*	φ1¼″	φ1½″*	φ2″
φd	φ3/16″	φ9/32″	φ11/32″	φ3/8″	φ1/2″	φ5/8″	φ3/4″	φ1″
L 1″	●	●	●	●	●			
1¼″	●	●	●	●	●			
1½″	●	●	●	●	●	●		
1¾″	●	●	●	●	●	●		
2″	●	●	●	●	●	●	●	
2½″	●	●	●	●	●	●	●	●
3″	●	●	●	●	●	●	●	●
3½″		●	●	●	●	●	●	●
4″			●	●	●	●	●	●
4½″				●	●	●	●	●
5				●	●	●	●	●
5½″				●	●	●	●	●
6″				●	●	●	●	●
7″					●	●	●	●
8″					●	●	●	●
10″						●	●	●
12″	●	●	●	●	●	●	●	●

注：加"＊"号者为优先尺寸。

表 7-12　矩形弹簧公制规格　　　　　　　　　　　单位：mm

φD	φ8	φ10	φ12	φ14	φ16	φ18	φ20	φ22	*φ25	φ27	φ30	φ35	*φ40	φ50	φ60
φd	φ4	φ5	φ6	φ7	φ8	φ9	φ10	φ11	φ12.5	φ13.5	φ15(φ16)	φ17.5(φ20)	φ20(φ26)	φ25(φ30)	φ30
L 10	●														
15	●														
20	●	●	●												
25	●	●	●	●	●	●	●	●	●	●	●				
30	●	●	●	●	●	●	●	●	●	●	●				
35	●	●	●	●	●	●	●	●	●	●	●				
40	●	●	●	●	●	●	●	●	●	●	●	●	●		
45	●	●	●	●	●	●	●	●	●	●	●	●	●		
50	●	●	●	●	●	●	●	●	●	●	●	●	●	●	
55	●	●	●	●	●	●	●	●	●	●	●	●	●	●	
60	●	●	●	●	●	●	●	●	●	●	●	●	●	●	●
65		●	●	●	●	●	●	●	●	●	●	●	●	●	●
70		●	●	●	●	●	●	●	●	●	●	●	●	●	●
75		●	●	●	●	●	●	●	●	●	●	●	●	●	●
80		●	●	●	●	●	●	●	●	●	●	●	●	●	●
90				●	●	●	●	●	●	●	●	●	●	●	●
100					●	●	●	●	●	●	●	●	●	●	●
125							●	●	●	●	●	●	●	●	●
150							●	●	●	●	●	●	●	●	●
175									●	●	●	●	●	●	●
200											●	●	●	●	●
250													●	●	●
300														●	●

注：上述列表中，"＊"号为优先尺寸。

② 圆线（黑色）弹簧基本形式如图 7-15 所示，因其压缩比较小（压缩比一般不超过 32%），在模具中使用不多，常根据实际需要从整根长弹簧上截取所需尺寸。其规格见表 7-13 和表 7-14。

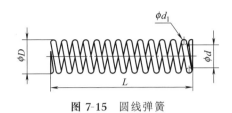

图 7-15 圆线弹簧

表 7-13 圆线（黑色）弹簧英制规格（线径以公制表示）

ϕD	$\phi 5/16''$	$\phi 3/8''$	$\phi 1/2''$	$\phi 5/8''$	$\phi 3/4''$	$\phi 1''$
ϕd_1	$\phi 1.2mm$	$\phi 1.5mm$	$\phi 1.8mm$	$\phi 2.5mm$	$\phi 3mm$	$\phi 3.5mm$
L	$12''$	$12''$	$12''$	$12''$	$12''$	$12''$

表 7-14 圆线（黑色）弹簧公制规格　　　　　　　　　　　单位：mm

ϕD	$\phi 3$	$\phi 4$	$\phi 6$	$\phi 8$	$\phi 10$	$\phi 12$
ϕd	$\phi 2$	$\phi 2.6$	$\phi 4$	$\phi 5.4$	$\phi 6.5$	$\phi 8$
L	300	300	300	300	300	300
ϕD	$\phi 14$	$\phi 16$	$\phi 18$	$\phi 20$	$\phi 22$	$\phi 25$
ϕd	$\phi 9.3$	$\phi 10.7$	$\phi 12$	$\phi 13.5$	$\phi 14.7$	$\phi 17$
L	300	300	300	300	300	300

7.9 定距分型机构设计资料

当模具存在两个或两个以上分型面时，模具需要设置定距分型机构来保证各分型面的开模顺序和开模距离。定距分型机构有内置式和外置式两种。

（1）内置式小拉杆定距分型机构

"小拉杆＋尼龙塞"是最常用的内置式小拉杆定距分型机构，见图 7-16。

图中：$L = L_1 + L_2$

$\qquad L_1 = 8 \sim 12mm$

$\qquad L_2 = S_1 + S_2 + (20 \sim 30)mm$

注意：此处的弹簧 2 常用矩形黄弹簧或矩形蓝弹簧，外径等于 2D（D 为小拉杆直径），长度一般取 40mm。

（2）外置式拉板定距分型机构

外置式拉板定距分型机构是用拉板来替代内置式定距分型机构中的小拉杆和限位螺钉，常用数量为四个，对称布置，模宽 250mm 以下时也可以用两个，但必须对角布置。拉板定距分型机构常用结构见图 7-17。图中 F 等于内置定距分型机构中的 L_2，取 $S_1 + S_2 + (20 \sim 30)$ mm。拉板的材料为 45 钢或黄牌钢 S50C，无须热处理。与拉板配套的尼龙塞或开闭器和内置式定距分型机构相同。

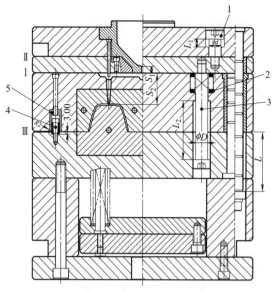

图 7-16 "小拉杆+尼龙塞"内置式定距分型机构

1—限位螺钉；2—弹簧；3—小拉杆；4—尼龙塞；5—镶套

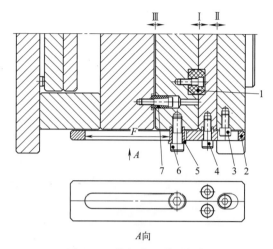

*A*向

图 7-17 拉板定距分型机构

1—弹力胶；2—拉环；3—限位螺钉；4,6—紧固螺钉；
5—挡环；7—尼龙塞

7.10 注塑模具装配图中零件常用的公差与配合

7.10.1 模具装配图上各零件配合公差及应用

注塑模具根据塑件精度要求、模具寿命以及模具零件的功能，常采用 IT5～IT8 的精度等级，见表 7-15。

表 7-15 模具装配图上各零件配合公差及应用

常见配合	配合形式	公差代号与等级	
		一般模具	精密模具
①内模镶件与推杆、推管滑动部分的配合 ②导柱与导套的配合 ③侧向抽芯滑块与滑块导向槽的配合 ④斜推杆与内模镶件导滑槽的配合	配合间隙小,零件在工作中相对运动但能保证零件同心度或紧密性。一般工件的表面硬度比较高,表面粗糙度较小	H7/g6	H6/g5
内模镶件与定位销的配合	配合间隙小,能较好地对准中心,用于常拆卸、对同心度有一定要求的零件	H7/h6	H6/h5
①模架与定位销的配合 ②内模镶件之间的配合 ③导柱、导套与模架的配合 ④齿轮与轴承的配合	过渡配合,应用于零件必须绝对紧密且不经常拆卸的地方,同心度好	H7/m6	H6/m5
推杆、复位杆与推杆板的配合	配合间隙大,能保证良好的润滑,允许在工作中发热	H8/f8	H7/f7

注：注塑模具各孔和各轴之间的位置公差代号分别为 JS 和 js，公差等级根据模具的精度等级取 IT5～IT8。

7.10.2 尺寸标准公差数值

尺寸标准公差数值见表 7-16。

表7-16 尺寸标准公差数值（摘自 GB/T 1800.3—1998）

基本尺寸/mm 大于	至	公差等级																			
		IT01	IT0	IT1	IT2	IT3	IT4	IT5	IT6	IT7	IT8	IT9	IT10	IT11	IT12	IT13	IT14	IT15	IT16	IT17	IT18
		μm													mm						
—	3	0.3	0.5	0.8	1.2	2	3	4	6	10	14	25	40	60	0.10	0.14	0.25	0.40	0.60	1.0	1.4
3	6	0.4	0.6	1	1.5	2.5	4	5	8	12	18	30	48	75	0.12	0.18	0.30	0.48	0.75	1.2	1.8
6	10	0.4	0.6	1	1.5	2.5	4	6	9	15	22	36	58	90	0.15	0.22	0.36	0.58	0.90	1.5	2.2
10	18	0.5	0.8	1.2	2	3	5	8	11	18	27	43	70	110	0.18	0.27	0.43	0.70	1.10	1.8	2.7
18	30	0.6	1	1.5	2.5	4	6	9	13	21	33	52	84	130	0.21	0.33	0.52	0.84	1.30	2.1	3.3
30	50	0.6	1	1.5	2.5	4	7	11	16	25	39	62	100	160	0.25	0.39	0.62	1.00	1.60	2.5	3.9
50	80	0.8	1.2	2	3	5	8	13	19	30	46	74	120	190	0.30	0.46	0.74	1.20	1.90	3.0	4.6
80	120	1	1.5	2.5	4	6	10	15	22	35	54	87	140	220	0.35	0.54	0.87	1.40	2.20	3.5	5.4
120	180	1.2	2	3.5	5	8	12	18	25	40	63	100	160	250	0.40	0.63	1.00	1.60	2.50	4.0	6.3
180	250	2	3	4.5	7	10	14	20	29	46	72	115	185	290	0.46	0.72	1.15	1.85	2.90	4.6	7.2
250	315	2.5	4	6	8	12	16	23	32	52	81	130	210	320	0.52	0.81	1.30	2.10	3.20	5.2	8.1
315	400	3	5	7	9	13	18	25	36	57	89	140	230	360	0.57	0.89	1.40	2.30	3.60	5.7	8.9
400	500	4	6	8	10	15	20	27	40	63	97	155	250	400	0.63	0.97	1.55	2.50	4.00	6.3	9.7
500	630	4.5	6	9	11	16	22	30	44	70	110	175	280	440	0.70	1.10	1.75	2.8	4.4	7.0	11.0
630	800	5	7	10	13	18	25	35	50	80	125	200	320	500	0.80	1.25	2.00	3.2	5.0	8.0	12.5
800	1000	5.5	8	11	15	21	29	40	56	90	140	230	360	560	0.90	1.40	2.30	3.6	5.6	9.0	14.0
1000	1250	6.5	9	13	18	24	34	46	66	105	165	260	420	660	1.05	1.65	2.60	4.2	6.6	10.5	16.5
1250	1600	8	11	15	21	29	40	54	78	125	195	310	500	780	1.25	1.95	3.10	5.0	7.8	12.5	19.5
1600	2000	9	13	18	25	35	48	65	92	150	230	370	600	920	1.50	2.30	3.70	6.0	9.2	15.0	23.0
2000	2500	11	15	22	30	41	57	77	110	175	280	440	700	1100	1.75	2.80	4.40	7.0	11.0	17.5	28.0
2500	3150	13	18	26	36	50	69	93	135	210	330	540	860	1350	2.10	3.30	5.40	8.6	13.5	21.0	33.0
3150	4000	16	23	33	45	60	84	115	165	260	410	660	1050	1650	2.60	4.10	6.6	10.5	16.5	26.0	41.0
4000	5000	20	28	40	55	74	100	140	200	320	500	800	1300	2000	3.20	5.00	8.0	13.0	20.0	32.0	50.0
5000	6300	25	35	49	67	92	125	170	250	400	620	980	1550	2500	4.00	6.20	9.8	15.5	25.0	40.0	62.0
6300	8000	31	43	62	84	115	155	215	310	490	760	1200	1950	3100	4.90	7.60	12.0	19.5	31.0	49.0	76.0
8000	10000	38	53	76	105	140	195	270	380	600	940	1500	2400	3800	6.00	9.40	15.0	24.0	38.0	60.0	94.0

表 7-17 轴的基本偏差

基本尺寸/mm	上偏差(es)											js	下偏 j		
	a	b	c	cd	d	e	ef	f	fg	g	h		5～6	7	8
	所有公差等级														
≤3	−270	−140	−60	−34	−20	−14	−10	−6	−4	−2	0	偏差等于 $\pm\dfrac{IT}{2}$	−2	−4	−6
>3～6	−270	−140	−70	−46	−30	−20	−14	−10	−6	−4	0		−2	−4	—
>6～10	−280	−150	−80	−56	−40	−25	−18	−13	−8	−5	0		−2	−5	—
>10～14	−290	−150	−95	—	−50	−32	—	−16	—	−6	0		−3	−6	
>14～18															
>18～24	−300	−160	−110	—	−65	−40	—	−20	—	−7	0		−4	−8	
>24～30															
>30～40	−310	−170	−120		−80	−50		−25		−9	0		−5	−10	
>40～50	−320	−180	−130												
>50～65	−340	−190	−140	—	−100	−60	—	−30	—	−10	0		−7	−12	
>65～80	−360	−200	−150												
>80～100	−380	−220	−170	—	−120	−72	—	−36	—	−12	0		−9	−15	—
>100～120	−410	−240	−180												
>120～140	−460	−260	−200												
>140～160	−520	−280	−210	—	−145	−85	—	−43	—	−14	0		−11	−18	—
>160～180	−580	−310	−230												
>180～200	−660	−340	−240												
>200～225	−740	−380	−260	—	−170	−100	—	−50	—	−15	0		−13	−21	—
>225～250	−820	−420	−280												
>250～280	−920	−480	−300	—	−190	−110	—	−56	—	−17	0		−16	−26	—
>280～315	−1050	−540	−330												
>315～355	−1200	−600	−360	—	−210	−125	—	−62	—	−18	0		−18	−28	—
>355～400	−1350	−680	−400												
>400～450	−1500	−760	−440	—	−230	−135	—	−68	—	−20	0		−20	−32	—
>450～500	−1650	−840	−480												

数值（摘自 GB/T 1800.3—1998）

偏差/μm

差（ei）

k (4~7)	k (≤3 / >7)	m	n	p	r	s	t	u	v	x	y	z	za	zb	zc
							所有公差等级								
0	0	+2	+4	+6	+10	+14	—	+18	—	+20	—	+26	+32	+40	+60
+1	0	+4	+8	+12	+15	+19	—	+23	—	+28	—	+35	+42	+50	+80
+1	0	+6	+10	+15	+19	+23	—	+28	—	+34	—	+42	+52	+67	+97
+1	0	+7	+12	+18	+23	+28	—	+33	—	+40	—	+50	+64	+90	+130
									+39	+45	—	+60	+77	+108	+150
+2	0	+8	+15	+22	+28	+35	—	+41	+47	+54	+63	+73	+98	+136	+188
							+41	+48	+55	+64	+75	+88	+118	+160	+218
+2	0	+9	+17	+26	+34	+43	+48	+60	+68	+80	+94	+112	+148	+200	+274
							+54	+70	+81	+97	+114	+136	+180	+242	+325
+2	0	+11	+20	+32	+41	+53	+66	+87	+102	+122	+144	+172	+226	+300	+405
					+43	+59	+75	+102	+120	+146	+174	+210	+274	+360	+480
+3	0	+13	+23	+37	+51	+71	+91	+124	+146	+178	+214	+258	+335	+445	+585
					+54	+79	+104	+144	+172	+210	+256	+310	+400	+525	+690
+3	0	+15	+27	+43	+63	+92	+122	+170	+202	+248	+300	+365	+470	+620	+800
					+65	+100	+134	+190	+228	+280	+340	+415	+535	+700	+900
					+68	+108	+146	+210	+252	+310	+380	+465	+600	+780	+1000
+4	0	+17	+31	+50	+77	+122	+166	+236	+284	+350	+425	+520	+670	+880	+1150
					+80	+130	+180	+258	+310	+385	+470	+575	+740	+960	+1250
					+84	+140	+196	+284	+340	+425	+520	+640	+820	+1050	+1350
+4	0	+20	+34	+56	+94	+158	+218	+315	+385	+475	+580	+710	+920	+1200	+1550
					+98	+170	+240	+350	+425	+525	+650	+790	+1000	+1300	+1700
+4	0	+21	+37	+62	+108	+190	+268	+390	+475	+590	+730	+900	+1150	+1500	+1900
					+114	+208	+294	+435	+530	+660	+820	+1000	+1300	+1650	+2100
+5	0	+23	+40	+68	+126	+232	+330	+490	+595	+740	+920	+1100	+1450	+1850	+2400
					+132	+252	+360	+540	+660	+820	+1000	+1250	+1600	+2100	+2600

7.10.4 孔的基本偏差数值（表 7-18）

表 7-18 孔的基本偏差

基本尺寸 /mm		基本偏										
大于	至	下偏差 EI										
		所有标准公差等级										
		A	B	C	CD	D	E	EF	F	FG	G	H	JS
—	3	+270	+140	+60	+34	+20	+14	+10	+6	+4	+2	0	
3	6	+270	+140	+70	+46	+30	+20	+14	+10	+6	+4	0	
6	10	+280	+150	+80	+56	+40	+25	+18	+13	+8	+5	0	
10	14	+290	+150	+95		+50	+32		+16		+6	0	
14	18												
18	24	+300	+160	+110		+65	+40		+20		+7	0	
24	30												
30	40	+310	+170	+120		+80	+50		+25		+9	0	
40	50	+320	+180	+130									
50	65	+340	+190	+140		+100	+60		+30		+10	0	
65	80	+360	+200	+150									
80	100	+380	+220	+170		+120	+72		+36		+12	0	
100	120	+410	+240	+180									
120	140	+460	+260	+200		+145	+85		+43		+14	0	
140	160	+520	+280	+210									
160	180	+580	+310	+230									
180	200	+660	+340	+240		+170	+100		+50		+15	0	
200	225	+740	+380	+260									
225	250	+820	+420	+280									
250	280	+920	+480	+300		+190	+110		+56		+17	0	
280	315	+1050	+540	+330									
315	355	+1200	+600	+360		+210	+125		+62		+18	0	
355	400	+1350	+680	+400									
400	450	+1500	+760	+440		+230	+135		+68		+20	0	
450	500	+1650	+840	+480									
500	630					+260	+145		+76		+22	0	
630	800					+290	+160		+80		+24	0	
800	1000					+320	+170		+86		+26	0	
1000	1250					+350	+195		+98		+28	0	
1250	1600					+390	+220		+110		+30	0	
1600	2000					+430	+240		+120		+32	0	
2000	2500					+480	+260		+130		+34	0	
2500	3150					+520	+290		+145		+38	0	

（JS 栏：由公式计算）

数值（摘自 GB/T 1800.3—1998）

差数值

上偏差 ES									
IT6	IT7	IT8	≤IT8	>IT8	≤IT8	>IT8	≤IT8	>IT8	≤IT7
J			K		M		N		P 至 ZC
+2	+4	+6	0	0	−2	−2	−4	−4	
+5	+6	+10	−1+Δ		−4+Δ	−4	−8+Δ	0	
+5	+8	+12	−1+Δ		−6+Δ	−6	−10+Δ	0	
+6	+10	+15	−1+Δ		−7+Δ	−7	−12+Δ	0	
+8	+12	+20	−2+Δ		−8+Δ	−8	−15+Δ	0	
+10	+14	+24	−2+Δ		−9+Δ	−9	−17+Δ	0	
+13	+18	+28	−2+Δ		−11+Δ	−11	−20+Δ	0	
+16	+22	+34	−3+Δ		−13+Δ	−13	−23+Δ	0	
+18	+26	+41	−3+Δ		−15+Δ	−15	−27+Δ	0	在大于 IT7 的相应数值上增加一个 Δ 值
+22	+30	+47	−4+Δ		−17+Δ	−17	−31+Δ	0	
+25	+36	+55	−4+Δ		−20+Δ	−20	−34+Δ	0	
+29	+39	+60	−4+Δ		−21+Δ	−21	−37+Δ	0	
+33	+43	+66	−5+Δ		−23+Δ	−23	−40+Δ	0	
			0		−26		−44		
			0		−30		−50		
			0		−34		−56		
			0		−40		−66		
			0		−48		−78		
			0		−58		−92		
			0		−68		−110		
			0		−76		−135		

表 7-19　基孔制优先和常用配合（摘自 GB/T 1801—2009）

基准孔	轴																				
	a	b	c	d	e	f	g	h	js	k	m	n	p	r	s	t	u	v	x	y	z
	间隙配合								过渡配合				过盈配合								
H6						$\frac{H6}{f5}$	$\frac{H6}{g5}$	$\frac{H6}{h5}$	$\frac{H6}{js5}$	$\frac{H6}{k5}$	$\frac{H6}{m5}$	$\frac{H6}{n5}$	$\frac{H6}{p5}$	$\frac{H6}{r5}$	$\frac{H6}{s5}$	$\frac{H6}{t5}$					
H7						$\frac{H7}{f6}$	$\frac{H7}{g6}$	$\frac{H7}{h6}$	$\frac{H7}{js6}$	$\frac{H7}{k6}$	$\frac{H7}{m6}$	$\frac{H7}{n6}$	$\frac{H7}{p6}$	$\frac{H7}{r6}$	$\frac{H7}{s6}$	$\frac{H7}{t6}$	$\frac{H7}{u6}$	$\frac{H7}{v6}$	$\frac{H7}{x6}$	$\frac{H7}{y6}$	$\frac{H7}{z6}$
H8					$\frac{H8}{e7}$	$\frac{H8}{f7}$	$\frac{H8}{g7}$	$\frac{H8}{h7}$	$\frac{H8}{js7}$	$\frac{H8}{k7}$	$\frac{H8}{m7}$	$\frac{H8}{n7}$	$\frac{H8}{p7}$	$\frac{H8}{r7}$	$\frac{H8}{s7}$	$\frac{H8}{t7}$	$\frac{H8}{u7}$				
				$\frac{H8}{d8}$	$\frac{H8}{e8}$	$\frac{H8}{f8}$		$\frac{H8}{h8}$													
H9			$\frac{H9}{c9}$	$\frac{H9}{d9}$	$\frac{H9}{e9}$	$\frac{H9}{f9}$		$\frac{H9}{h9}$													
H10			$\frac{H10}{c10}$	$\frac{H10}{d10}$				$\frac{H10}{h10}$													
H11	$\frac{H11}{a11}$	$\frac{H11}{b11}$	$\frac{H11}{c11}$	$\frac{H11}{d11}$				$\frac{H11}{h11}$													
H12		$\frac{H12}{b12}$						$\frac{H12}{h12}$													

注：1. $\frac{H6}{n5}$、$\frac{H7}{p6}$ 在基本尺寸小于或等于3mm 和 $\frac{H8}{r7}$ 在小于或等于100mm 时，为过渡配合。

2. 标注▼的配合为优先配合。

表 7-20　基轴制优先和常用配合（摘自 GB/T 1801—2009）

基准轴	孔																				
	A	B	C	D	E	F	G	H	JS	K	M	N	P	R	S	T	U	V	X	Y	Z
	间隙配合								过渡配合				过盈配合								
h5						$\frac{F6}{h5}$	$\frac{G6}{h5}$	$\frac{H6}{h5}$	$\frac{JS6}{h5}$	$\frac{K6}{h5}$	$\frac{M6}{h5}$	$\frac{N6}{h5}$	$\frac{P6}{h5}$	$\frac{R6}{h5}$	$\frac{S6}{h5}$	$\frac{T6}{h5}$					
h6						$\frac{F7}{h6}$	$\frac{G7}{h6}$	$\frac{H7}{h6}$	$\frac{JS7}{h6}$	$\frac{K7}{h6}$	$\frac{M7}{h6}$	$\frac{N7}{h6}$	$\frac{P7}{h6}$	$\frac{R7}{h6}$	$\frac{S7}{h6}$	$\frac{T7}{h6}$	$\frac{U7}{h6}$				
h7					$\frac{E8}{h7}$	$\frac{F8}{h7}$		$\frac{H8}{h7}$	$\frac{JS8}{h7}$	$\frac{K8}{h7}$	$\frac{M8}{h7}$	$\frac{N8}{h7}$									
h8				$\frac{D8}{h8}$	$\frac{E8}{h8}$	$\frac{F8}{h8}$		$\frac{H8}{h8}$													
h9				$\frac{D9}{h9}$	$\frac{E9}{h9}$	$\frac{F9}{h9}$		$\frac{H9}{h9}$													

基准轴	孔																				
	A	B	C	D	E	F	G	H	JS	K	M	N	P	R	S	T	U	V	X	Y	Z
	间隙配合								过渡配合			过盈配合									
h10				$\dfrac{D10}{h10}$				$\dfrac{H10}{h10}$													
h11	$\dfrac{A11}{h11}$	$\dfrac{B11}{h11}$	▸$\dfrac{C11}{h11}$	$\dfrac{D11}{h11}$				▸$\dfrac{H11}{h11}$													
h12		$\dfrac{B12}{h12}$						$\dfrac{H12}{h12}$													

注：标注 ▸ 的配合为优先配合。

7.10.6　注塑模具图中形状和位置公差

形状和位置公差简称形位公差。形状公差包括直线度公差、平面度公差、圆度公差和圆柱度公差。轮廓度公差包括线轮廓度公差和面轮廓度公差。方向公差包括平行度公差、垂直度公差、倾斜度公差。位置公差包括位置度公差、垂直度公差和对称度公差。跳动公差包括圆跳动公差、全跳动公差。

（1）未注形位公差的公差值（表 7-21）

表 7-21　未注形位公差的公差值（GB/T 1184—1996）　　　　单位：mm

直线度、平面度				垂直度				对称度				圆跳动		
基本长度	公差等级			基本长度	公差等级			基本长度	公差等级			公差等级		
	H	K	L		H	K	L		H	K	L	H	K	L
≤10	0.02	0.05	0.1	≤100	0.2	0.4	0.6	≤100	0.5	0.6	0.6	0.1	0.2	0.5
>10~30	0.05	0.1	0.2											
>30~100	0.1	0.2	0.4											
>100~300	0.2	0.4	0.8	>100~300	0.3	0.6	1.0	>100~300	0.5	0.6	1.0			
>300~1000	0.3	0.6	1.2	>300~1000	0.4	0.8	1.5	>300~1000	0.5	0.8	1.5			
>1000~3000	0.4	0.8	1.6	>1000~3000	0.5	1.0	2.0	>1000~3000	0.5	1.0	2.0			

公差项目	公差值
圆度	等于给出的直径公差值，但不能大于径向圆跳动值
圆柱度	不做规定。圆柱度误差由圆度、直线度和相对应线的平行度误差等三部分组成，而其中每一项误差均由它们的注出公差或未注公差控制；如因功能原因，圆柱度应小于圆度、直线度和平行度的未注公差的综合反应，应在被测要素上按 GB/T 1182 注出圆柱度公差数值，有时由于配合要求也可采用包容要求
平行度	等于给出的尺寸公差值或是直线度和平面度未注公差值的较大者
同轴度	未做规定。在极限状况下，同轴度的未注公差值可以和径向圆跳动的未注公差值相等

注：线轮廓度、面轮廓度、倾斜度与位置度的未注公差值均未做具体规定。

（2）直线度公差和平面度公差值（表7-22）

表7-22　直线度公差和平面度公差值

公差等级	主参数 L/mm 公差值/μm																应用举例
	≤10	>10~16	>16~25	>25~40	>40~63	>63~100	>100~160	>160~250	>250~400	>400~630	>630~1000	>1000~1600	>1600~2500	>2500~4000	>4000~6300	>6300~10000	
1	0.2	0.25	0.3	0.4	0.5	0.6	0.8	1	1.2	1.5	2	2.5	3	4	5	6	用于精密量具、测量仪器和精度要求很高的精密机械零件，如量块、样板平尺、工具显微镜等精密测量仪器的导轨面，喷油嘴针阀体端面，油泵柱塞套端面等
2	0.4	0.5	0.6	0.8	1	1.2	1.5	2	2.5	3	4	5	6	8	10	12	用于0级及1级宽平尺的工作面，1级样板平尺的工作面，测量仪器圆弧导轨，测量仪器测杆等
3	0.8	1	1.2	1.5	2	2.5	3	4	5	6	8	10	12	15	20	25	用于量具、测量仪器和高精度机床的导轨，如0级平板，测量仪器的V形导轨，高精度平面磨床的V形滚动导轨，轴承磨床床身导轨，液压阀体等
4	1.2	1.5	2	2.5	3	4	5	6	8	10	12	15	20	25	30	40	用于1级量具，2级平板，垂直导轨，立柱导轨及工作台，液压龙门刨床和六角车床床身的导轨，柴油机进、排气门导杆等
5	2	2.5	3	4	5	6	8	10	12	15	20	25	30	40	50	60	用于普通机床导轨面，如龙门刨床、滚齿机、自动车床的床身导轨，立柱导轨，卧式镗床、铣床的工作台及主轴箱导轨，柴油机体结合面等
6	3	4	5	6	8	10	12	15	20	25	30	40	50	60	80	100	

续表

公差等级	主参数 L/mm																应用举例
	≤10	>10~16	>16~25	>25~40	>40~63	>63~100	>100~160	>160~250	>250~400	>400~630	>630~1000	>1000~1600	>1600~2500	>2500~4000	>4000~6300	>6300~10000	
	公差值/μm																
7	5	6	8	10	12	15	20	25	30	40	50	60	80	100	120	150	用于2级平板、0.02游标卡尺尺身，机床头箱体、摇臂钻床底座工作台、镗床工作台、液压泵盖等
8	8	10	12	15	20	25	30	40	50	60	80	100	120	150	200	250	用于机床传动箱体、挂轮箱、车床溜板箱、柴油机缸体、连杆分离面、缸盖结合面、汽车发动机箱体及减速箱箱体的结合面等
9	12	15	20	25	30	40	50	60	80	100	120	150	200	250	300	400	用于3级平板、机床溜板箱、立钻工作台、螺纹磨床的挂轮架、金相显微镜的载物台、柴油机气缸体、连杆的分离面、阀片的平面度、空气压缩机缸体、液压管件和法兰的连接面等
10	20	25	30	40	50	60	80	100	120	150	200	250	300	400	500	600	用于3级平板、车床挂轮架的平面度、自动车床床身底面的平面度、摩托车发动机的曲轴箱体、柴油机气缸体、汽车发动机缸盖结合面、阀片的平面度、以及辅助机构及手动机械的支承面等
11	30	40	50	60	80	100	120	150	200	250	300	400	500	600	800	1000	用于易变形的薄片、薄壳零件，如离合器的摩擦片、汽车发动机缸盖的结合面、机械支架、机床法兰等
12	60	80	100	120	150	200	250	300	400	500	600	800	1000	1200	1500	2000	

（3）圆度、圆柱度公差值（表7-23）

表 7-23　圆度、圆柱度公差值（摘自 GB/T 1184—1996）

公差等级	主参数 d(D)/mm													应用举例
	≤3	>3~6	>6~10	>10~18	>18~30	>30~50	>50~80	>80~120	>120~180	>180~250	>250~315	>315~400	>400~500	
	公差值/μm													
1	0.2	0.2	0.25	0.25	0.3	0.4	0.5	0.6	1	1.2	1.6	2	2.5	高精度量仪主轴，高精度机床主轴，滚动轴承滚珠和滚柱等
2	0.3	0.4	0.4	0.5	0.6	0.6	0.8	1	1.2	2	2.5	3	4	精密量仪主轴、外套、阀套；高压油泵柱塞及套；纺锭轴承；高速柴油机进、排气门；精密机床主轴轴颈；针阀圆柱面；喷油泵柱塞及柱塞套
3	0.5	0.6	0.6	0.8	1	1	1.2	1.5	2	3	4	5	6	小工具显微镜套管外圆；高精度外圆磨床、高精度微型轴承内、外圈；喷油嘴针阀体、高精度滚型轴承内、外圈
4	0.8	1	1	1.2	1.5	1.5	2	2.5	3.5	4.5	6	7	8	较精密机床主轴；精密机床主轴箱孔；高压阀门活塞、活塞销、阀体；小工具显微镜顶针；高压油泵柱塞；较高精度滚动轴承配合的轴；铣床动力头箱体孔等
5	1.2	1.5	1.5	2	2.5	2.5	3	4	5	7	8	9	10	一般量仪主轴、测杆外圆；陀螺仪轴外圆；一般机床主轴、较精密机床主轴箱孔；汽油机、柴油机的活塞、活塞销孔；铣床动力头、轴承座孔；高压空气压缩机十字头销、活塞；活塞销孔；较低精度滚动轴承配合的轴
6	2	2.5	2.5	3	4	4	5	6	8	10	12	13	15	仪表端盖外圆；一般机床主轴及箱孔；中等压力液压装置工作面（包括泵、压缩机的活塞和气缸）；汽车发动机凸轮轴；纺锭；通用减速器轴颈；高速船用发动机曲轴、拖拉机曲轴主轴颈
7	3	4	4	5	6	7	8	10	12	14	16	18	20	大功率低速柴油机曲轴、活塞、活塞销、连杆、气缸；高速柴油机箱体孔；千斤顶或液压缸活塞；液压传动系统的分配机构、机车传动轴及一般水泵及一般减速器轴颈

续表

公差等级	主参数 d(D)/mm 公差值/μm													应用举例
	≤3	>3~6	>6~10	>10~18	>18~30	>30~50	>50~80	>80~120	>120~180	>180~250	>250~315	>315~400	>400~500	
8	4	5	6	8	9	11	13	15	18	20	23	25	27	低速发动机、减速器、大功率曲柄轴轴颈、压气机连杆盖、体、拖拉机机体、活塞、炼胶机冷铸轴辊、印刷机传墨辊、内燃机曲轴、柴油机机体孔、凸轮轴、拖拉机、小型船用柴油机气缸套
9	6	8	9	11	13	16	19	22	25	29	32	36	40	空气压缩机缸体、液压传动筒、通用机械杠杆与拉杆套筒销子、拖拉机活塞环、套筒孔
10	10	12	15	18	21	25	30	35	40	46	52	57	63	印染机导布辊、铰车、吊车、起重机滑动轴承轴颈等
11	14	18	22	27	33	39	46	54	63	72	81	89	97	
12	25	30	36	43	52	62	74	87	100	115	130	140	155	

（4）平行度、垂直度和倾斜度公差值（表7-24）

表7-24 平行度、垂直度和倾斜度公差值（摘自 GB/T 1184—1996）

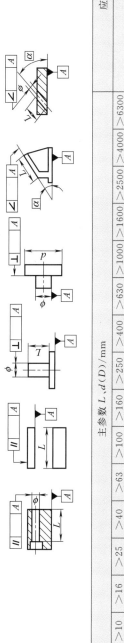

公差等级	主参数 L,d(D)/mm 公差值/μm																应用举例	
	≤10	>10~16	>16~25	>25~40	>40~63	>63~100	>100~160	>160~250	>250~400	>400~630	>630~1000	>1000~1600	>1600~2500	>2500~4000	>4000~6300	>6300~10000	平行度	垂直度和倾斜度
1	0.4	0.5	0.6	0.8	1	1.2	1.5	2	2.5	3	4	5	6	8	10	12	高精度机床、测量仪器以及量具等主要基准面和工作面	

公差等级	主参数 L、d(D)/mm 公差值/μm																应用举例	
	≤10	>10~16	>16~25	>25~40	>40~63	>63~100	>100~160	>160~250	>250~400	>400~630	>630~1000	>1000~1600	>1600~2500	>2500~4000	>4000~6300	>6300~10000	平行度	垂直度和倾斜度
2	0.8	1	1.2	1.5	2	2.5	3	4	5	6	8	10	12	15	20	25	高精度机床,测量仪器,量具以及模具的基准面和工作面 精密机床主轴箱体主轴孔对基准面的要求,尾架孔对主轴孔的要求基准面的要求	精密机床导轨,普通机床主轴轴向定位面,精密机床主轴轴承座圈端面,精密机床,滚动轴承座圈端面,齿轮测量仪的心轴,光学分度头的心轴,精密蜗轮轮端面,精密刀具、量具的基准面和工作面
3	1.5	2	2.5	3	4	5	6	8	10	12	15	20	25	30	40	50		
4	3	4	5	6	8	10	12	15	20	25	30	40	50	60	80	100	普通机床,测量仪器,量具及模具的基准面和工作面,精密机床主轴承座圈端面,挡圈的端面 机床主轴孔对基准面要求,重要轴孔对基准面要求,一般箱体孔对基准面重要孔间要求,头箱一般减速器壳体孔对基准面的轴间要求,齿轮泵的轴孔端面等	普通机床导轨,精密机床重要支承面,普通机床主轴偏摆,发动机的凸缘,离合器的支承面,气缸的支承端面,4、5级轴承的端盖,轴瓦端面,量具、量仪的重要端面等
5	5	6	8	10	12	15	20	25	30	40	50	60	80	100	120	150		

公差等级	主参数 L, d(D)/mm 公差值/μm																应用举例	
	≤10	>10~16	>16~25	>25~40	>40~63	>63~100	>100~160	>160~250	>250~400	>400~630	>630~1000	>1000~1600	>1600~2500	>2500~4000	>4000~6300	>6300~10000	平行度	垂直度和倾斜度
6	8	10	12	15	20	25	30	40	50	60	80	100	120	150	200	250	一般机床零件的工作面或基准、压力机和锻锤的工作面、中等精度钻模的工作面、模具、量具、机床一般轴承孔对基准面的要求、床头箱体孔、变速箱孔、主轴花键对定心直径、重型机械轴承盖的端面、卷扬机和传动装置中的传动轴	低精度机床主要基准面和工作面、回转工作台端面跳动、一般导轨、主轴箱体孔、刀架、砂轮架及工作台回转中心、机床轴线、气缸配合面对其轴线、活塞销孔对活塞中心线以及装6.0级轴承孔对轴线等
7	12	15	20	25	30	40	50	60	80	100	120	150	200	250	300	400		
8	20	25	30	40	50	60	80	100	120	150	200	250	300	400	500	600		
9	30	40	50	60	80	100	120	150	200	250	300	400	500	600	800	1000	低精度零件、重型机械滚动轴承端盖、柴油机和煤气发动机的曲轴孔、轴颈等	花键轴轴肩端面、皮带运输机法兰盘等端面对轴心线、手动卷扬装置中轴线、减速器壳体平面等
10	50	60	80	100	120	150	200	250	300	400	500	600	800	1000	1200	1500		

公差等级	\(\leqslant 10 \)	>10~16	>16~25	>25~40	>40~63	>63~100	>100~160	>160~250	>250~400	>400~630	>630~1000	>1000~1600	>1600~2500	>2500~4000	>4000~6300	>6300~10000	平行度	垂直度和倾斜度
	公差值/μm																应用举例	
11	80	100	120	150	200	250	300	400	500	600	800	1000	1200	1500	2000	2500	零件的非工作面，卷扬机、运输机上用的减速器壳体平面	农业机械齿轮端面等
12	120	150	200	250	300	400	500	600	800	1000	1500	1500	2000	2500	3000	4000		

（5）同轴度、对称度、圆跳动和全跳动公差值

表 7-25　同轴度、对称度、圆跳动和全跳动公差值（摘自 GB/T 1184—1996）

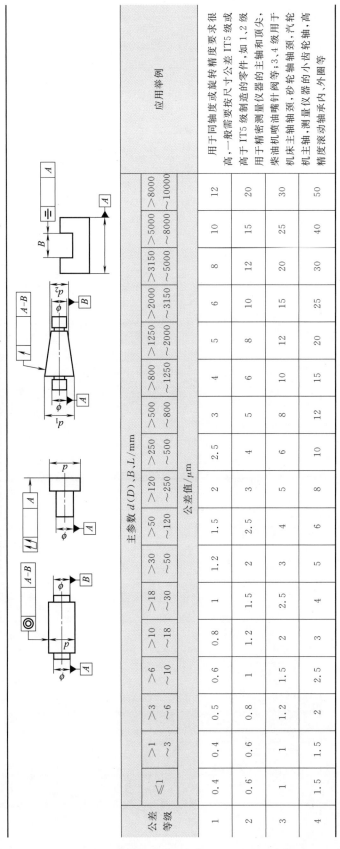

公差等级	\(\leqslant 1 \)	>1~3	>3~6	>6~10	>10~18	>18~30	>30~50	>50~120	>120~250	>250~500	>500~800	>800~1250	>1250~2000	>2000~3150	>3150~5000	>5000~8000	>8000~10000	应用举例
	公差值/μm																	
1	0.4	0.4	0.5	0.6	0.8	1	1.2	1.5	2	2.5	3	4	5	6	8	10	12	用于同轴度或旋转精度要求很高、一般需要按尺寸公差 IT5 级或高于 IT5 级制造的零件，如 1、2 级用于精密测量仪器的主轴和顶尖、柴油机喷油嘴针阀等；3、4 级用于机床主轴轴颈、砂轮轴轴颈、汽轮机主轴、测量仪器的小齿轮轴、高精度滚动轴承内、外圈等
2	0.6	0.6	0.8	1	1.2	1.5	2	2.5	3	4	5	6	8	10	12	15	20	
3	1	1	1.2	1.5	2	2.5	3	4	5	6	8	10	12	15	20	25	30	
4	1.5	1.5	2	2.5	3	4	5	6	8	10	12	15	20	25	30	40	50	

续表

公差等级	主参数 $d(D)$、B、L/mm 公差值/μm																	应用举例
	≤1	>1~3	>3~6	>6~10	>10~18	>18~30	>30~50	>50~120	>120~250	>250~500	>500~800	>800~1250	>1250~2000	>2000~3150	>3150~5000	>5000~8000	>8000~10000	
5	2.5	2.5	3	4	5	6	8	10	12	15	20	25	30	40	50	60	80	应用范围较广的精度等级，用于公差要求比较高、一般按尺寸公差IT6或IT7级制造的零件，如5级精度常用在机床轴颈、测量仪器的测量杆、汽轮机主轴、柱塞油泵转子，高精度滚动轴承外圈，一般精度滚动轴承内圈；7级精度用于内燃机曲轴、凸轮轴、汽轮机轴、水泵轴、电机转子，0级精度滚动轴承内圈、电机转子，印刷机传墨辊等
6	4	4	5	6	8	10	12	15	20	25	30	40	50	60	80	100	120	
7	6	6	8	10	12	15	20	25	30	40	50	60	80	100	120	150	200	
8	10	10	12	15	20	25	30	40	50	60	80	100	120	150	200	250	300	用于一般精度要求，通常按尺寸公差IT9~IT10级制造的零件，如8级精度用于齿轮轴以下齿轮轴的配合面、水泵叶轮、离心泵泵体、棉花精梳机前后滚子；9级精度用于内燃机气缸套配合面、自行车中轴；10级精度用于摩托车活塞、印染机导布辊、内燃机活塞销孔、汽缸套外圈底径对活塞中心、汽缸套外圈对内孔等
9	15	20	25	30	40	50	60	80	100	120	150	200	250	300	400	500	600	
10	25	40	50	60	80	100	120	150	200	250	300	400	500	600	800	1000	1200	
11	40	60	80	100	120	150	200	250	300	400	500	600	800	1000	1200	1500	2000	用于无特殊要求，一般按尺寸精度IT12级制造的零件
12	60	120	150	200	250	300	400	500	600	800	1000	1200	1500	2000	2500	3000	4000	

7.11 表面粗糙度数值的选择

表面粗糙度数值的选择原则：在满足零件表面功能要求的前提下，尽量选择数值较大的粗糙度，参考表7-26。

表7-26 按表面功能选用能选用粗糙度

注：
----- 表示最低粗糙度值；
──── 表示最低粗糙度要求；
① 表示不加工；
② 表示加工

表面功能要求	性能 形状精度	外观	无螺旋密封性	形状划痕	抗应力集中	抗振形性	耐磨性	流入动性	承载能力集中	摩擦性	光滑性	清管能力	附着能力	黏合能力	表面硬度	耐腐蚀性	位置公差	形状公差	轮廓算术平均偏差微观不平度十点高度	纹理方向	Ra/μm 0.025 / Rz 0.4	0.05 / 0.63	0.1 / 1	0.2 / 1.6	0.4 / 2.5	0.8 / 6.3	1.6 / 10	3.2 / 16·25	6.3 / 40	12.5 / 63	25 / 100	50 / 160	— / 250

（表内各性能栏及粗糙度值由●标记对应关系，原表为旋转排版）

可见表面
- 毛面并清理
- 光亮,加工
- 光亮,高亮度

镀层底面
- 采用光亮漆
- 采用结构漆
- 采用金属镀层

应力极限表面
- 静态
- 动态

支撑表面
- 结合表面

静态密封表面
- 采用密封剂
- 在旋转件上
- 在法兰上
- 不用密封剂

密封表面
- 相对密封纵向运动
- 相对密封回转运动（径向密封）

注：
- ------- 表示最低粗糙度值不限；
- ——— 表示最低粗糙度有要求；
- ① 表示不加工；
- ② 表示加工

表面粗糙度标尺

Ra/μm	—	50	25	12.5	6.3	3.2	1.6	0.8	0.4	0.2	0.1	0.05	0.025
Rz/μm	250	160	100	63	40	25 / 16	10	6.3	2.5	1.6	1	0.63	0.4

（有垫板／无垫板 范围见图中"垫板""无垫板"标示）

表面功能要求与性能对应表

表面功能要求	形状精度(外观)	无螺旋形划痕	密封性	耐磨性	抗振性	抗应力集中	流入性	承载能力	摩擦性	光滑性	消音性	附着能力	黏着能力	表面硬度	耐腐蚀性	位置公差	形状公差	轮廓算术平均偏差微观不平度十点高度	纹理方向
基准表面	●															●	●	●	
同隙配合表面	●															●	●	●	
过渡配合表面	●														●	●	●	●	
过盈配合表面	●												●			●	●	●	
黏合表面	●												●			●	●	●	
冲击表面						●							●			●	●	●	●
测量表面	●															●	●	●	●
无润滑滑动表面				●				●		●			●	●		●	●	●	
润滑滑动表面				●	●		●	●						●		●	●	●	
无密封			●	●	●		●	●					●	●	●	●	●	●	●
有密封			●		●		●	●					●	●	●	●	●	●	●
滚动表面				●	●			●			●		●	●	●	●	●	●	
齿面滑动表面				●	●					●			●	●		●	●	●	
流体用表面										●		●					●	●	
切割表面												●					●	●	
制动表面					●							●				●	●	●	
手柄等表面		●																	
离合器结合表面	●								●							●	●	●	

注："●"表示表面功能对该项性能和粗糙度的要求。

7.12 模具斜度与蚀纹关系对照表

目前蚀纹工艺最著名的公司同 Mold-Tech，几乎所有国外厂商给出的蚀纹规格都是以这家公司为准。表 7-27 为塑件蚀纹深度与脱模斜度对照表。表中脱模斜度是根据 ABS 塑料测定而得，实际运用时要根据成型条件、成型塑料、壁厚的变化等情况调整。在模具设计之前就应确认蚀纹型号与脱模斜度，避免蚀纹后塑件蚀纹面产生拖花的现象。

表 7-27　型腔脱模斜度与蚀纹关系对照表

蚀纹号	深度	最小脱模斜度	蚀纹号	深度	最小脱模斜度
MT-11000	0.0004″	1°	MT-11265	0.005″	7°
MT-11010	0.001″	1.5°	MT-11270	0.004″	6°
MT-11020	0.0015″	2.5°	MT-11275	0.0035″	5°
MT-11030	0.002″	3°	MT-11280	0.0055″	8°
MT-11040	0.003″	4.5°	MT-11300	0.0025″	3.5°
MT-11050	0.0045″	6.5°	MT-11305	0.005″	7.5°
MT-11060	0.003″	4.5°	MT-11310	0.005″	7.5°
MT-11070	0.003″	4.5°	MT-11315	0.001″	1.5°
MT-11080	0.002″	3°	MT-11320	0.0025″	4°
MT-11090	0.0035″	5.5°	MT-11325	0.003″	4.5°
MT-11100	0.006″	9°	MT-11330	0.002″	3°
MT-11110	0.0025″	4°	MT-11335	0.002″	3°
MT-11120	0.002″	3°	MT-11340	0.003″	4.5°
MT-11130	0.0025″	4°	MT-11345	0.003″	4.5°
MT-11140	0.0025″	4°	MT-11350	0.0035″	5.5°
MT-11150	0.00275″	4°	MT-11355	0.0025″	4°
MT-11160	0.004″	6°	MT-11360	0.0035″	5.5°
MT-11200	0.003″	4.5°	MT-11365	0.0045″	7°
MT-11205	0.0025″	4°	MT-11370	0.004″	6°
MT-11210	0.0035″	5.5°	MT-11375	0.004″	6°
MT-11215	0.0045″	6.5°	MT-11380	0.004″	6°
MT-11220	0.005″	7.5°	MT-11400	0.002″	3°
MT-11225	0.0045″	6.5°	MT-11405	0.0025″	4°
MT-11230	0.0025″	4°	MT-11410	0.0035″	5.5°
MT-11235	0.004″	6°	MT-11415	0.002″	3°
MT-11240	0.0015″	2.5°	MT-11420	0.0025″	4°
MT-11245	0.002″	3°	MT-11425	0.0035″	5.5°
MT-11250	0.0025″	4°	MT-11430	0.007″	10°
MT-11255	0.002″	3°	MT-11435	0.010″	15°
MT-11260	0.004″	6°	MT-11440	0.0005″	1.5°

蚀纹号	深度	最小脱模斜度	蚀纹号	深度	最小脱模斜度
MT-11445	0.0015″	2.5°	MT-9041		
MT-11450	0.0025″	4°	MT-9042		
MT-11455	0.003″	4.5°	MT-9043		
MT-11460	0.0035″	5.5°	MT-9044		
MT-11465	0.005″	7.5°	MT-9045		
MT-11470	0.002″	3°	MT-9046		
MT-11475	0.002″	3°	MT-9047		
MT-11480	0.003″	4.5°	MT-9048		
MT-9000			MT-9049		
MT-9001			MT-9060		
MT-9002			MT-9061		
MT-9003			MT-9062		
MT-9004			MT-9063		
MT-9005			K-9000G		
MT-9006			K-9070G		
MT-9007			K-7000G		
MT-9008			K-7050G		
MT-9009			MT-9050		
MT-9010			MT-9051		
MT-9011			MT-9052		
MT-9012			MT-9053		
MT-9013			MT-9054		
MT-9015			MT-9055		
MT-9016			MT-9056		
MT-9017			MT-9057		
MT-9036			K-5000G		
MT-9037			K-5024G		
MT-9038			K-2400G		
MT-9039			K-1600G		
MT-9040					

7.13　注塑模具常用钢材及其性能

（1）C45 中碳钢

美国标准编号（AISI）：1050～1055。日本标准编号：S50C～S55C。德国标准编号

（DIN）：1.1730。中碳钢或45钢在香港被称为黄牌钢，此钢材的硬度为170～220HB，价格便宜，加工容易，在模具上用作模架、撑柱和一些不重要的结构件，市场上一般标准模架都采用这种钢材。

（2）40CrMnMo7预硬注塑模具钢

美国、日本、新加坡、中国标准编号（AISI）：P20。德国和有些欧洲国家编号（DIN）为1.2311、1.2378、1.2312。这种钢是预硬钢，一般不适宜热处理。但是可以氮化处理。此钢种的硬度差距也很大，从28～40HRC不等。这种钢由于已做预硬处理，机械切削也不太困难，所以很合适制作一些中下档次模具的镶件，有些大批量生产的模具模架也采用此钢材（有些客户指定要用此钢材制作模架），好处是硬度比中碳钢高，变形也比中碳钢稳定。P20这种钢由于在注塑模具中被广泛采用，所以品牌也很多，其中在华南地区较为普遍的品牌有：

① 瑞典一胜百公司（ASSAB），生产两种不同硬度的牌号：一是718S，硬度为290～330HB（相当于33～34HRC）；二是718H，硬度为330～370HB（相当于34～38HRC）。

② 日本大同公司（DAIDO），也生产两种不同硬度的牌号：NAK 80（硬度40HRC±2HRC）及NAK55（硬度40HRC±2HRC）两种。一般情况下，NAK 80制作定模镶件，NAK55制作动模镶件，要留意NAK55型腔不能进行EDM（电火花加工），据钢材代理解释是因为含硫，所以EDM后会留有条纹。

③ 德胜钢厂（THYSSEN），德国产，有好几种编号：GS711（硬度34～36HRC）、GS738（硬度32～35HRC）、GS808VAR（硬度38～42HRC）、GS318（硬度29～33HRC）、GS312（硬度29～33HRC）。GS312含硫不能进行EDM，在欧洲做模架较为普遍，GS312的成分为40CrMnMoS8。

④ 百禄（BOHLER），奥地利产，编号有：M261（38～42HRC）、M238（36～42HRC）、M202（29～33HRC）。M202型腔不能进行EDM，也是因为含硫。

尚有其他品牌，不能尽录。

（3）X40CrMoV51热作钢

美国、中国、新加坡的标准编号（AISI）：H13。欧洲（DIN）：1.2344。日本为SKD61。这种钢材出厂硬度是185～230HB，需热处理，用在注塑模具上的硬度一般是48～52HRC，也可氮化处理，由于需要热处理，加工较为困难，故在模具的价格上比较贵一些，若是需要热处理到40HRC以上的硬度，模具一般用机械加工比较困难，所以在热处理之前一定要先对工件进行粗加工，尤其是冷却水孔、螺钉孔及攻螺纹等必须在热处理之前做好，否则要退火重做。

这种钢材普遍用于注塑模具上，品牌很多，常用的品牌有：一胜百（ASSAB）编号是8407（热作工具钢）；德胜（THYSSEN）编号是GS344ESR或GS344EFS。

（4）X45NiCrMo4冷作钢

AISI：6F7。欧洲编号（DIN）：1.2767。这种钢材出厂硬度为260HB，需要热处理，一般应用硬度为50～54HRC，欧洲客人比较常用此钢，因为此钢韧性好，抛光效果也非常好，但此钢在华南地区不普遍，所以品牌不多，德胜（THYSSEN）有一款叫GS767。

（5）X42Cr13不锈钢

AISI：420 STAVAX。DIN：1.2083。这种钢材出厂硬度为180～240HB，需要热处理，应用硬度为48～52HRC，不适合氮化热处理（锐角的地方会龟裂）。此钢耐腐蚀及抛光的效果良好，所以一般透明制品及有腐蚀性的塑料，例如 PVC 及防火料，V2、V1、V0 类的塑料很合适用这种钢材，此钢材也普遍用在注塑模具上，故品牌也很多，如一胜百（AS-SAB）S136、德胜（THYSSEN）的 GS083ESR、GS083、GS083VAR。如果采用德胜的钢材要注意，如果是透明件，那么定、动模镶件都要用 GS083ESR（据钢厂资料 ESR 电渣重熔可提高钢材的晶体均匀性，使抛光效果更佳），不是透明制品的动模镶件一般不需要太低的粗糙度，可选用普通的 GS083，此钢材价格比较便宜一些，也不影响模具的质量。此钢材有时客户也会要求用于制作模架，因为防锈的关系，可以保证冷却水管道的水流顺畅，以达到生产周期稳定的目的。

（6）X36CrMo17 预硬不锈钢

DIN：1.2316。AISI：420 STAVAX。此钢材出厂硬度为 265～380HB，具体看钢厂的规格。如果是透明制品注塑模具，有些公司一般不采用此钢材，因为抛光到高光洁度时，由于硬度不够很容易有坑纹，同时在注塑时也很易产生划痕，要经常再抛光，所以还是用 1.2083 ESR 经过热处理调质至 48～52HRC 可省却很多的麻烦。此钢材硬度不高，机械切削较易，模具完成周期短一些。

很多公司大多在中等价格模具上采用此具有防锈功能的钢，例如有腐蚀性的塑料，如 PVC 和 V1、V2、V0 类。此钢用在注塑模具上也很普遍，品牌也多，比如：一胜百（AS-SAB）的 S136H，出厂硬度为 290～330HB；德胜钢厂（THYSSEN）的 GS316（265～310HB）、GS316ESR（30～34HRC）、GS083M（290～340HB）、GS128H（38～42HRC）；日本大同（DAIDO）的 PAK90（300～330HB）。

（7）X38CrMo51 热作钢

AISI：H11。欧洲 DIN：1.2343。此钢出厂硬度为 210～230HB，必须热处理，一般应用硬度为 50～54HRC。根据钢厂资料，此钢比 1.2344（H13）韧性略高，在欧洲被比较多地采用，有些公司也常用此钢做定模及动模镶件。由于在亚洲及美洲地区此钢不甚普及，所以品牌不多，只有 2～3 个品牌在香港，如德胜钢厂（THYSSEN）的 GS343EFS。此钢可氮化处理。

（8）S7 重负荷工具钢

其出厂硬度为 200～225HB，需要热处理，应用硬度为 54～58HRC。此钢一般是美国客人要求采用，用在定、动模镶件及滑块，欧洲及我国南方地区不太普遍。主要品牌有：一胜百（ASSAB）的 COMPAX-S7、德胜钢厂（THYSSEN）的 GS307。

（9）X155CrVMo121 冷作钢

AISI：D2。欧洲编号（DIN）：1.2379。日本 JIS：SKD11。其出厂硬度为 240～255HB，应用硬度为 56～60HRC，可氮化处理。此钢多数用在模具的滑块上（日本客人比较多用），品牌有：一胜百（ASSAB）的 XW-41，大同钢厂（DAIDO）的 DC53、DC11，德胜钢厂（THYSSEN）的 GS-379。

（10）100MnCrW4 和 90MnCrV8 油钢

100MnCrW4（AISI）：01。100MnCrW4（DIN）：1.2510。90MnCrV8（AISI）：02。90MnCrV8（DIN）：1.2842。其出厂硬度为 220～230HB，需要热处理，应用硬度为 58～60HRC。此钢用在注塑模具上一般是制作耐磨块、压块及垃圾钉，其品牌有：一胜百（AS-SAB）的 DF2，德胜（THYSSEN）的 GS-510 及 GS-842，龙记（LKM）的 2510。

（11）Be-Cu 铍铜

此材料热传导性能好，一般用在注塑模具难以冷却的位置上，可铸造优美的曲面、立体文字（最大铸造尺寸 300mm×300mm），适用于需要快速冷却或精密铸造的模芯和镶件。其硬度高，切削性能好，品牌有 MM30 和 MM40，硬度分别为：MM30 为 26～32HRC；MM40 为 36～42HRC。德胜 B2 的出厂硬度为 35HRC。

主要化学成分（%）：Be（1.9），Co+Ni（0.25），Cu（97.85）。

（12）AMPCo940 铜合金

此材料出厂硬度为 210HB，用在模具难以冷却的地方上，散热效果也很理想，只是较铍铜软一些，强度没有铍铜那么好，用于产量不大的模具。

（13）铝合金

借着航空、太空实验室及通用车辆所衍生的技术，铝材工业已开发出一种锻铝特别适用于塑料及橡胶模具。这种铝合金材料（如 AlZnMgCu）已成功地应用于欧洲地区，特别是德国及意大利。

模具通常的使用温度可达 150～200℃，在此温度下使用的铝合金材料抗拉强度会下降20%。由于使用条件的差异，无法订立出特别高的热抗拉强度。一般而言，在高温下材料的性能较难预测。在一般用途下，抗压强度相当于抗拉强度，所有的 AlZn 合金，其抗疲劳性都很好。

铝合金与钢材直接进行硬度比较有困难，因为多数钢材都经过表面硬化或类似的处理，都以洛氏硬度测量，而铝材都以布氏硬度测量。

模具零件常用钢材选用可参考表 7-28。

表 7-28　模具零件常用钢材一览表

编号	标准规格	硬度	一般特性、用途	适用模具零件
8407	H-13（改良型）	热处理 48～52HRC	热模钢，高韧性，耐热性好，适用于 PA、POM、PS、PE、EP 塑胶模，金属压铸、挤压模	上、下内模镶件，侧抽芯及滑块，型芯侧抽芯及滑块镶件，浇口套，斜推杆
2344	H-13	热处理 48～52HRC	热模钢，高韧性，耐热性好，适用于 PA、POM、PS、PE、EP 塑胶模，金属压铸、挤压模	上、下内模镶件，侧抽芯及滑块，型芯侧抽芯及滑块镶件，浇口套，斜推杆
2344 super	H-13（改良型）			
S136	420	热处理 48～52HRC	高镜面度，抛光性能好，抗锈防酸佳，适用于 PVC、PP、EP、PC、PMMA 塑胶模	上、下内模镶件，侧抽芯及滑块，型芯侧抽芯及滑块镶件，浇口套，斜推杆
S136H		不需热处理（预加硬）		
2083	420	热处理 48～52HRC	防酸，抛光性能良好，适用于酸性塑料及要求良好抛光的模具	上、下内模镶件，侧抽芯及滑块，型芯侧抽芯及滑块镶件，浇口套，斜推杆
2083H		不需热处理（预加硬）		
718	P20（改良型）	不需热处理（预加硬）	高抛光度、高要求内模镶件，适用于 PA、POM、PS、PE、PP、ABS 塑料模具	上、下内模镶件，侧抽芯及滑块，型芯侧抽芯及滑块镶件
718H				
738	P20 加镍	不需热处理（预加硬）	适用于高韧性及高磨光性塑料模具	上、下内模镶件，型芯
738H				

编号	标准规格	硬度	一般特性、用途	适用模具零件
P20HH	P20（改良型）	不需热处理（预加硬）	高硬度，高光洁度及耐磨性，适用于 PA、POM、PS、PE、PP、ABS 塑料模具	上、下内模镶件，型芯
NAK80	P21（改良型）	不需热处理（预加硬）	高硬度，镜面效果佳，放电加工良好，焊接性能佳，适用于电蚀及抛光性能模具	上、下内模镶件，侧抽芯及滑块，型芯侧抽芯及滑块镶件，斜推杆
NAK55	P21 加硫（改良型）	不需热处理（预加硬）	高硬度，易切削，加厚焊接性良好，适用于高性能塑胶模具	下内模镶件，型芯
2311	P20	不需热处理（预加硬）	适用于一般性能塑胶模具	上、下内模镶件，型芯
638	P20	不需热处理（预加硬）	加工性能良好适用于高要求大型模架及下模	下内模镶件，型芯
DF2 2510	0-1	热处理 54～56HRC	微变形油钢，耐磨性好	压条、耐磨板、大推圈齿条、滚轮等
S50C-S55C	1050	不需热处理（预硬）	黄牌钢适用于模架配板及机械配件	模板、拉板、支板、撑头、铲机、定位块等
MM30	Be-Cu	预硬 27～32HRC	合金铍铜，优良导热性，散热效果好，适用于需快速冷却的模芯及镶件	型芯、斜推杆、侧抽芯及滑块
MM40	Be-Cu	预硬 37～42HRC		
C1100P	H3100		电蚀红铜，导电性能特佳	电极材料

7.14　注塑机的选用

　　注塑机规格型号的确定主要是根据塑件的大小、型腔数量和产品批量。选择注塑机时主要考虑其塑化率、额定注射量、额定锁模力、安装模具的有效面积（注塑机拉杆之间的距离）、顶出行程等。如果模具设计之前已经确定了所用注塑机的规格型号，那么设计人员必须对模具的安装尺寸和顶出行程等参数进行校核，如果满足不了要求，要么更改模具的型腔数量，缩小模具的大小尺寸，要么与客户商量更换注塑机。

　　（1）根据额定注射量选用注塑机

　　各腔塑件总质量＋浇注系统凝料质量≤注射机额定注射量×80％

　　注意：算出的数值不能四舍五入，只能向大取整数。

　　（2）根据额定锁模力选用注塑机

　　假定各腔塑件在分型面上的投影面积之和为 $S_{分}$（mm^2），注塑机的额定（或公称）锁模力为 $F_{锁}$，塑料熔体对型腔的平均压强为 $P_{型}$，则：

$$S_{分} \times P_{型} \leq F_{锁} \times 80\%$$

　　常用塑料注塑成型时所选用的型腔压强值详见表 7-29，通常取 20～45MPa（注：$1MPa = 1 \times 10^6 N/m^2$）。

表 7-29　常用塑料的型腔压强和流长比

塑料代号	流长比（平均）	型腔压强/MPa	塑料代号	流长比（平均）	型腔压强/MPa
LDPE	270∶1(280∶1)	15～30	PA	170∶1(150∶1)	42
PP	250∶1	20	POM	150∶1(145∶1)	45
HDPE	230∶1	23～39	PMMA	130∶1	30
PS	210∶1(200∶1)	25	PC	90∶1	50
ABS	190∶1	40			

注：熔体流动长度与塑件壁厚的比值叫流长比，流长比和型腔压强这两个参数都很重要，前者可以考虑塑件最多能做多宽多薄，后者为锁模力计算提供了参考。

（3）根据安装部分的相关尺寸选用注塑机

模具的宽度必须小于注塑机的拉杆间距，即 $A > C$，这样模具才可以进入注塑机，见图 7-18。

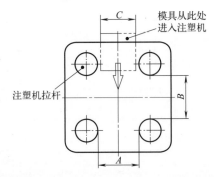

图 7-18　模具的宽度必须小于拉杆间距

（4）根据开模行程来选用注塑机

各种型号注塑机的推出装置和最大推出距离不尽相同，选用注塑机时，应使注塑机动模板的开模行程与模具的开模行程相适应。二板模和三板模的开模行程计算方法如下。

① 二板模开模行程，见图 7-19。

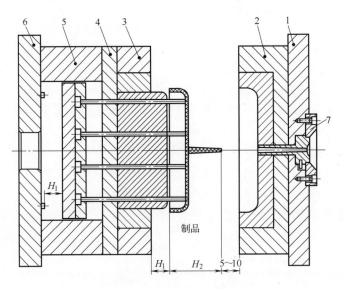

图 7-19　二板模开模行程

1—面板；2—定模 A 板；3—动模 B 板；4—托板；5—方铁；6—底板；7—定位圈

二板模最小开模行程＝H_1＋H_2＋（5～10）mm

② 三板模开模行程，见图7-20。

三板模最小开模行程＝H_1＋H_2＋A＋C＋（5～10）mm

式中　H_1——塑件需要推出的最小距离；

　　　H_2——塑件及浇注系统凝料的总高度；

　　　A——三板模浇注系统凝料高度B＋30mm，且A的距离需大于100mm，以方便取出水口；

　　　C——6～10mm，5～10mm为安全距离。

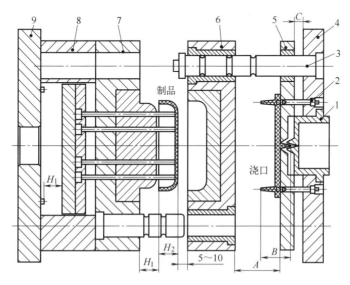

图 7-20　三板模开模行程

1—浇口套；2—拉料杆；3—导柱；4—面板托板；5—流道推板；6—定模A板；7—动模B板；8—方铁；9—底板

③ 选用原则。所选注塑机的动模板最大行程 S_{max} 必须大于模具的最小开模行程，所选注塑机的动模板和定模板的最小间距 H_{min} 必须小于模具的最小厚度，见图7-21。

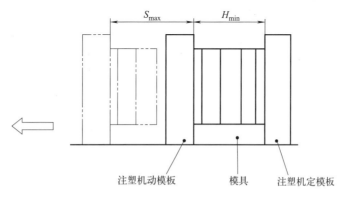

图 7-21　开模行程

（5）注塑机参数及安装尺寸

国产注塑机安装尺寸大致相同，但各厂的规格型号不尽相同，由于篇幅所限，这里只介绍东华机械有限公司的 Se 系列伺服驱动节能注塑机。注塑机技术参数见表7-30。

表 7-30　Se 系列伺服动驱动节能注塑机技术参数

参数	单位	TTI-90Se			TTI-130Se			TTI-160Se			TTI-190Se			TTI-260Se			TTI-320Se			TTI-380Se			TTI-450Se			TTI-500Se			TTI-600Se			TTI-750Se		
螺杆直径	mm	30	35	40	35	40	45	40	45	50	45	50	55	50	55	60	55	60	65	60	70	80	70	80	90	70	80	94	80	90	100	90	100	110
理论射胶容积	cm³	114	155	202	177	231	293	260	329	406	366	452	546	497	601	715	656	780	916	910	1239	1619	1416	1850	2341	1486	1940	2679	2071	2621	3236	2863	3534	4277
射胶量(PS)	g	102	139	182	159	208	263	234	296	366	329	406	492	447	541	644	590	702	824	819	1115	1457	1275	1665	2107	1337	1746	2411	1864	2359	2912	2577	3181	3849
螺杆长径比 L/D		23.8	21	18.1	23.7	20.5	18.1	22.5	20	18	22.5	20.2	18.4	22.2	20	18.3	21.9	20	18.4	23.5	20.1	17.6	24.1	21	18.6	24	21	18	23	20.7	18.3	23	21	18.9
射胶压力	MPa	247	181	139	236	181	143	230	181	147	223	181	149	218	180	151	212	179	152	246	180	138	221	169	134	220	168	121	226	179	145	199	161	133
射胶速率	cm³/s	72	99	129	89	116	147	117	148	183	142	175	212	211	255	304	248	295	346	258	352	459	361	471	597	359	469	647	406	514	635	590	729	882
射胶行程	mm	161			184			207			230			253			276			322			368			386			412			450		
最大螺杆转速	r/min	200			195			220			145			190			175			150			175			175			140			125		
熔胶率(PS)	kg/h	32.9	44.8	60.9	43.6	57	80.8	66.9	91.2	120.7	82.3	106.2	134.5	104.2	123.9	146.1	170.5	185.1	202.8	215	250.9	280.9	262.7	286	327.7	335.9	344	425.1	442	463.7		1257.2	1340.1	1409.6
射台拉力	t	4.5			5.3			5.3			5.3			8.3			8.3			11			11			11.9			18.3			18		
射台行程	mm	255			300			320			360			400			435			435			480			500			600			600		
锁模力	t	90			130			160			190			260			320			380			450			500			600			750		
模板最大间距	mm	680			820			906			1000			1105			1250			1450			1560			1640			1820			2050		

续表

参数	单位	TTI-90Se	TTI-130Se	TTI-160Se	TTI-190Se	TTI-260Se	TTI-320Se	TTI-380Se	TTI-450Se	TTI-500Se	TTI-600Se	TTI-750Se
锁模行程	mm	320	410	446	490	525	590	710	740	820	910	1025
四柱间距	mm	360×360	410×410	460×460	510×510	580×580	660×660	740×740	780×780	825×825	900×900	1000×1000
最小模具尺寸	mm	250×250	280×280	320×320	350×350	400×400	460×460	510×510	540×540	570×570	630×630	700×700
容模量	mm	150~360	150~410	150~460	175~510	200~580	250~660	250~740	300~820	300~820	350~910	350~1025
顶针力	t	2.5	3.7	3.7	4.5	6.1	6.1	10.2	12.3	13	12.5	25
顶针行程	mm	85	100	130	140	160	180	200	250	250	300	350
顶针数		1	5	5	5	9	13	13	13	13	17	17
马达最大电流	A	42	48	58	63	72	85	100	110	110	120	130
系统压力	MPa	17	17	17	17	17	17	17	17	17	17	16
加热区		3+1	3+1	4+1	4+1	5+1	5+1	5+1	5+1	5+1	5+1	5+1
电热功率	kW	7.38	8.82	10.72	13.22	15.42	16.42	21.59	24.64	25.79	30.59	34
净重	t	2.8	3.8	4.6	6	8.2	10.8	14.4	17	17	26	45
注油量	L	120	160	220	250	380	460	560	710	710	820	1150

7.15 公、英制对照表

公制的长度单位是以毫米（mm）为单位计算尺寸的，英制长度单位是以英寸（″）为单位计算尺寸的。它们的换算关系是：$1″=25.4\text{mm}$。详细的公、英制对照表见表 7-31。

表 7-31 公、英制对照表

英制	公制	英制	公制
1/64″	0.40mm	33/64″	13.10mm
1/32″	0.79mm	17/32″	13.49mm
3/64″	1.19mm	35/64″	13.89mm
1/16″	1.59mm	9/16″	14.29mm
5/64″	1.98mm	37/64″	14.68mm
3/32″	2.38mm	19/32″	15.08mm
7/64″	2.778mm	39/64″	15.48mm
1/8″	3.175mm	5/8″	15.88mm
9/64″	3.57mm	41/64″	16.27mm
5/32″	3.97mm	21/32″	16.67mm
11/64″	4.37mm	43/64″	17.07mm
3/16″	4.76mm	11/16″	17.46mm
13/64″	5.16mm	45/64″	17.86mm
7/32″	5.556mm	23/32″	18.26mm
15/64″	5.95mm	47/64″	18.65mm
1/4″	6.35mm	3/4″	19.05mm
17/64″	6.75mm	49/64″	19.45mm
9/32″	7.14mm	25/32″	19.84mm
19/64″	7.54mm	51/64″	20.24mm
5/16″	7.94mm	13/16″	20.63mm
21/64″	8.33mm	53/64″	21.03mm
11/32″	8.73mm	27/32″	21.43mm
23/64″	9.13mm	55/64″	21.83mm
3/8″	9.525mm	7/8″	22.23mm
25/64″	9.92mm	57/64″	22.62mm
13/32″	10.32mm	29/32″	23.02mm
27/64″	10.72mm	59/64″	23.42mm
7/16″	11.11mm	15/16″	23.81mm
29/64″	11.51mm	61/64″	24.21mm
15/32″	11.91mm	31/32″	24.61mm
31/64″	12.30mm	63/64″	25.00mm
1/2″	12.70mm	1″	25.4mm

7.16 模具术语对照表

关于模具术语，广东、港（台）地区与内地（大陆）有很多叫法不一样，其对照见表 7-32。

表 7-32　模具术语对照表

规范名称	粤、港、台通用名称	规范名称	粤、港、台通用名称
注塑机	啤机	塑料注射模具	塑胶模
二板模	大水口模	三板模	细水口模(简化细水口模)
定模	前模(港)、母模(台)	动模	后模(港)、公模(台)
定模板	A板(港)、母模板(台)	动模板	B板(港)、公模板(台)
三板模定模导柱	水口边(港)、长导柱(台)	动、定模导柱	边钉(港)、导承销(台)
凹模	前模镶件(港)、母模仁(台)	凸模	后模镶件(港)、公模仁(台)
型芯	镶可(港)、入子(台)	圆型芯	镶针(港)、型芯(台)
推杆板导套	中托司	推杆板导柱	中托边
直导套	直司	带法兰导套	托司(或杯司)
推杆固定板	面针板(或顶针面板)	流道推板	水口推板(水口板)
定位圈	定位器	支承板	活动靠板
定模座板	面板(港)、上固定板(台)	动模座板	底板(港)、下固定板(台)
分型面	分模面	推板	后顶板
垫块	方铁	浇口套	唧嘴(港)或灌嘴(台)
限位销	垃圾钉	支承柱	撑头
弹簧	弹弓	螺钉	螺丝
复位杆	回针	销钉	管钉
楔紧块	铲机(或锁紧块)	侧向滑块	行位
侧抽芯	滑块入子(台)	斜导柱	斜边
斜滑块	弹块(港)、胶杯(台)	斜推杆	斜顶(港)、斜方(台)
推杆	顶针	推管(推管型芯)	司筒(司筒针)
定距分型机构	开闭器	加强筋	骨位
挡销	垃圾钉	浇口	入水(或水口)
侧浇口	大水口	点浇口	细水口
潜伏式浇口	潜水(港)、隧道浇口(台)	热射嘴	热唧嘴
冷却水	运水	水管接头	水喉
分模隙	排气槽	脱模斜度	啤把
抛光	省模	蚀纹	咬花
电极	铜公	填充不足	啤不满
飞边	披锋	收缩凹陷	缩水
融接痕	夹水纹	银纹	水花

7.17　模具术语中英文对照表

为方便读者阅读外文模具书籍和杂志，现将模具术语的中英文名称总结为表 7-33。

表 7-33 模具术语中英文对照表

中文	英文	中文	英文
三板模	3-plate mold	浇注系统	feed system，gate system
二板模	2-plate mold	浇口	gate
动、定模导柱	leader pin/guide pin	浇口位置	gate location
动、定模导套	bushing/guide bushing	浇口形式	gate type
流道推板导套	shoulder guide bushing	侧浇口	edge gate
流道推板导柱	guide pin	点浇口	pin-point gate
推杆板导套	ejector guide bush	潜伏浇口	submarine gate
推杆板导柱	ejector guide pin	浇口大小	gate size
推杆板	ejector retainer plate	转浇口	switching runner/gate
托板	support plate	浇口套直径	sprue diameter
螺钉	screw	直接浇口	direct gate
销钉	dowel pin	流道	runner
开模槽	ply bar scot	热流道	hot runner，hot manifold
内模管位	core/cavity inter-lock	热嘴/冷流道	hot sprue/cold runner
推杆	ejector pin	圆形截面流道	round(full/half)runner
推管	ejector sleeve	梯形截面流道	trapezoidal runner
推管型芯	ejector pin	模流分析	mold flow analysis
推板	stripper plate	流道平衡	runner balance
活动型芯	movable core，return core，core puller	热射嘴	hot sprue
尼龙塞	nylon latch lock	热流道板	hot manifold
模架（胚）	mold base	发热管	cartridge heater
定模镶件	cavity insert	探针	thermocouples
动模镶件	core insert	插头	connector plug
滑块	slide	插座	connector socket
镶件	insert	密封/封料	seal
型芯	core	冷却水	water line
锁紧块	wedge	喉塞	line plug
耐磨板/油板	wedge wear plate	喉管	tube
压条	plate	塑料管	plastic tube
撑柱	support pillar	快速接头	jiffy quick connector plug/socker
浇口套	sprue bushing	均匀冷却	even cooling
挡板	stop plate	推杆碰冷却水管	water line interferes with ejector pin
限位钉	stop pin	承压平面平衡	parting surface support balance
定位圈	locating ring	模具排气	parting line venting
锁扣	latch	模总高超出注射机规格	mold base shut hight
扣基	parting lock set	定（动）模推出	part from cavity （core)side

中文	英文	中文	英文
栓打螺钉	S. H. S. B	无框模架	cavity direct cut on A-plate，core direct cut on B-plate
顶板	eracuretun	不准用镶件	Do not use（core/cavity）insert
活动臂	lever arm	用铍铜做镶件	use beryllium copper insert
分流道拉料杆	runner puller	初步（正式）模设计图	preliinary（final）mold design
垃圾钉	stop pin	弹弓压缩量	spring compressed length
支架	ejector housing	稳定性好	good stability，stable
定位圈	locating ring	强度不够	insufficient rigidity
隔片	buffle	扣模	sticking
弹簧导杆	spring rod	热膨胀	thero expansion
弹簧	die spring	收缩率	shrinkage
镶针	pin	公差	tolorance
定位销	dowel pin	铜公（电极）	copper electrod
滚珠弹簧	ball catch	注射压力	injection pressure
锁模块	lock plate	成型压力	moulding pressure
斜推杆	angle from pin	弯曲力	bending force
活动臂	lever arm	拉伸力	drawing force
复位杆	early return bar	脱模力	ejection force
气阀	valves	开模力	mould opening force
斜导柱	angle pin	抽芯力	core-pulling
开模槽	plybar slot	抽芯距	core-pulling distance
排气槽	venting		

实例内容视频演示

（手机扫描二维码观看）

名称		二维码
第 3 章　注塑模具 2D 结构设计		
鼠标面盖和底盖注塑模具设计	1. 成型零件设计	
	2. 浇注系统和模架设计	
	3. 脱模系统和温度控制系统设计	
	4. 绘制定模排位图、设计导向定位系统	
	5. 排气系统设计、其他结构件设计、尺寸标注	
	6. 设计螺钉、复位弹簧和垃圾钉等结构件	
机壳注塑模具设计	1. 成型零件设计	

名称	二维码

<table>
<tr><td rowspan="9">机壳注塑模具设计</td><td>2. 侧向抽芯机构设计</td><td></td></tr>
<tr><td>3. 模架和斜顶设计</td><td></td></tr>
<tr><td>4. 浇注系统设计</td><td></td></tr>
<tr><td>5. 脱模系统和冷却系统设计</td><td></td></tr>
<tr><td>6. 设计导向定位系统、螺钉、撑柱和复位弹簧等</td><td></td></tr>
<tr><td>7. 排气系统和定距分型机构设计</td><td></td></tr>
<tr><td>8. 标注零件序号、尺寸、填写标题栏、明细表及技术要求</td><td></td></tr>
<tr><td>9. 标注零件序号、填写标题栏、明细表和技术要求</td><td></td></tr>
</table>

第 4 章　注塑模具三维数字化设计

环境及外挂	1. UG12 角色的创建、加载和角色按钮创建	
	2. UG12 快捷键的设置	

名称		二维码
环境及外挂	3. 燕秀设计外挂安装	
两板模设计实例	1. 斜率和胶厚分析	
	2. 分模	
	3. 模仁设计	
	4. 调模胚	
	5. 流道设计	
	6. 顶出系统设计	
	7. 温控系统(冷却水)设计	
	8. 辅助系统设计	
	9. 减腔、整理模具	

名称	二维码
1. 开模资料分析及产品处理	
2. 分模 1	
3. 分模 2-分型面优化	
4. 模胚设计	
5. 行位设计	
6. 斜顶设计	
7. 内行位设计	
8. 浇注系统设计	
9. 顶块设计	
10. 冷却系统设计	

三板模设计实例

名称	二维码
三板模 设计实例	
11. 扣机设计	
12. 模脚、锁模片和对锁设计	
13. 排气设计	
14. 顶针板相关零件设计	
15. 模图检查	

参 考 文 献

[1]　张维合. 注塑模具设计实用手册 [M]. 2版. 北京：化学工业出版社，2019.

[2]　杨占尧. 塑料模具课程设计指导与范例 [M]. 2版. 北京：化学工业出版社，2021.

[3]　张维合. 塑料成型工艺及模具设计 [M]. 北京：化学工业出版社，2014.

[4]　刘朝福. 模具设计实训指导书 [M]. 北京：清华大学出版社，2010.